ハヤカワ文庫 NF

〈NF609〉

ヴィクトリア朝時代のインターネット

トム・スタンデージ

服部 桂訳

HAYAKAWA NONFICTION

早川書房

9064

THE VICTORIAN INTERNET

The Remarkable Story of the Telegraph and the Nineteenth Century's On-line Pioneers

by

Tom Standage

Translated by
Katsura Hattori
Published 2024 in Japan by
HAYAKAWA PUBLISHING, INC.
This book is published in Japan by
direct arrangement with
BROCKMAN, INC.

ドクターKへ

目次

ヴィクトリア朝時代のインターネット

まえがき

19世紀にはテレビも飛行機もコンピュータも宇宙船もなかったし、抗生物質もクレジットカードも電子レンジもCDも携帯電話もなかった。

ところが、インターネットだけはあった。

ヴィクトリア女王の治世には新しいコミュニケーションの技術が開発され、とてつもない距離を即時に越えるコミュニケーションを可能にし、それが結局、世界をあっという間にかつてないほど小さなものにしてしまった。大陸や海を越えてケーブルが引かれることで世界規模のコミュニケーション・ネットワークができ、それがビジネスのやり方を革命的に変化させ、新しいかたちの犯罪を生み出し、利用者を情報の洪水で呑み込み、これを介した恋も芽生《めば》えた。秘密の暗号を誰かが作ると、他の誰かが破った。このネットワークがもたらす恩恵を手ばなしで擁護する人がいれば、それを否定する懐疑派もいた。政府や当局は、この新しいメディアを規制しようとして失敗した。ニュース報道から外交まで、あらゆるものにどう向き合うべきかを、一から考え直さなくてはならなくなった。一方で、その周辺では、独自の習慣や言葉を持ったテクノロジーのサブカルチャーが立ち上がってきた。

これって、どこかで聞いたような話ではないだろうか？

今日ではインターネットはよく「情報スーパーハイウェー」などと呼ばれるが、その19世紀の先駆者だった電信も「思想のハイウェー」と呼ばれていた。現代のコンピュータはネットワークのケーブルを介してビットやバイトを交換しているが、電信では人間のオペレーターが電信回線を介して、モールス符号と呼ばれる短点（ドット）と長点（ダッシュ）でできたコードを送り合っていた。装置は違うものだったかもしれないが、その利用者の生活に与えた影響は驚くほど似ていた。

電信はコミュニケーションにおいて、活版印刷以来の最大の革命を引き起こした。現代のインターネットの利用者は、多くの点で電信の伝統の後継者である。つまりわれわれは現在、電信を理解できるユニークな状態にあるということだ。そして電信は逆に、インターネットの課題やチャンスや落とし穴について、われわれにすばらしい洞察を与えてくれる。

電信の興亡は、科学的発見や巧妙なテクノロジー、そして抗争や熾烈な競争の物語だ。それはまた、ある人にとっては楽観主義の精神そのものであるが、他の人には新しい犯罪の方法だったり、ロマンスを始めるものだったり、手早く儲ける手段だったりする。それらは昔からテクノロジー自体のせいにされがちだが、われわれが新しいテクノロジーにどう反応するかの教訓に満ちた寓話でもある。

本書で語るのは、この最初にオンラインの最前線に立っていた、変人、奇人、夢想家のパイオニアや、彼らの構築した世界的ネットワーク、つまり「ヴィクトリア朝時代のインターネット」の物語である。

単位換算

1 インチ＝2.54 センチメートル

1 フィート＝12 インチ＝30.48 センチメートル

1 ヤード＝3 フィート＝0.9144 メートル

1 マイル＝1760 ヤード＝1.609344 キロメートル

第1章 すべてのネットワークの母

テレグラフ（名）メッセージや情報を遠隔地に送るシステムや装置。
（動）打電する。

――仏語の télégraphe より

1746年の4月のある日、パリのカルトジオ会修道院の前で、200人ほどの修道士が長蛇の列を成していた。修道士はそれぞれ両手に25フィートの長さの鉄の電線を握り、隣の人とつながっていた。こうして線でつながれた修道士の列は1マイル以上にも達していた。

列が完成すると、高名な科学者でもあるジャン＝アントワーヌ・ノレ神父は、原始的な電池を取り出して、何の警告も発することなくそれを修道士の列につないだ。修道士たち全員に、強烈な電気ショックが走った。

ノレ神父は何も好んで静電気で修道士たちを急襲したのではなく、彼の実験には真面目な科学的目的があった。その時代の科学者が皆そうだったように、電気が電線を伝わってどこまで遠く、そしてどれだけ速く伝わるかという性質を計測していたのだ。1マイルにも及ぶ修道士の列が同時に絶叫し身をよじったことから、電気は非常に長距離を伝わることがわかり、ノレ神父の理解したところでは、それは即時に遠方まで達したのだ。

これはすごいことだった。

つまり理論的には、人間の伝令が伝えるより格段に速く遠くにメッセージを伝えることのできる電気を使った信号装置を作れるに違いないということだ。

当時は100マイル先の誰かにメッセージを送ろうとすると、伝令が馬に乗ってその距離を走らなければならず、ほぼ1日がかりだった。この遅れは何千年もずっと不可避なままで、ジョージ・ワシントンからヘンリー8世、シャルルマーニュ大帝、ユリウス・カエサルに遡っても変わらなかった。

その結果、生活のペースは遅かった。遠方の国に軍隊を送った支配者たちは、勝敗の知らせを受けるのに何カ月も待たなくてはならなかったし、水平線の向こうへ英雄的な航海に旅立った船乗りたちは何年も音沙汰がなかった。ある出来事のニュースは池のさざ波の輪のように外に向かってゆっくり進んでいくものの、その波頭の速度は馬の疾走や迅速な船の速度を超えるものではなかった。

　確かに馬や船より速く情報を伝えたいという要望はあった。毎分12マイル伝わる音は、これより早いコミュニケーションの手段だった。教会の鐘が1時を打てば、半マイル先の野原にいる僧は、2秒後には何時かがわかった。それに比べて馬に乗った伝令の場合は、その時刻に教会を出発して「いま1時です」と伝えるのに、その距離だと2分はかかった。

　光も迅速なコミュニケーションの手段としては使えた。もし僧の目が良くて空気が澄んでいれば、教会の時計の針が読めるかもしれない。そして光は毎秒20万マイル（約30万キロメートル）伝わるので、これほどの距離ならあっという間に伝わり、実際には時計に表示されたある日中の時刻の情報は遅延なく届くことになる。

　ノレ神父や他の人の実験の結果によれば、電気も長距離を瞬時に伝わりそうだった。光と違って電気は電線を通って角も曲がるので、ある場所から他の場所まで見通しが利かなくても大丈夫だった。ということは、教会から延ばされた半マイルの電線の先にいる僧は、地下にいようが屋内にいようが教会から見通しの悪い場所にいようが、確実にショックが伝わるということだ。電気はある場所から他の場所まで、いつでも高速で信号を伝えることができそうだ。

　しかし馬に乗った伝令のほうが優れた点もある。「1時になりました」だけでなく「昼食に来てください」とか「誕生日おめでとう」など、どんなことでも伝えられる。電気のパルスは教会の鐘のように、多くの信号の中で最も単純なものだ。こうした単純な信号を使って複雑なメッセージを伝える必要があるときは、どうすればいいのか？

16世紀末からヨーロッパ中で、「何マイルも離れた人々の間で1文字ずつメッセージを伝えることのできる魔法の装置がある」という噂が絶えず流れていた。この話はまるでたらめだったが、ノレ神父の時代には、それは現在で言うところの都市伝説のようなものになっていた。それは互いに遠く離れていても影響を与え合う「交感する」魔法の針がついている装置で、誰も見た者はいなかったが存在すると広く信じられていた。例えばフランスの宰相で、非情で恐れられていた枢機卿のリシュリューは、いつも遠隔地の情報に通じていたので、こうした装置を持っていると考えられていた（それにまた彼は、すべてを見通す魔法の目を持っているとも考えられていた）。

この交感する魔法の針について書かれた最も有名なものは、イタリアの学者ファミアヌス・ストラダが1617年に出版した『Prolusiones Academicae（学問小論）』という本の中での詳細な説明だろう。彼は「互いに接触させてから2本の針をそれぞれ別の旋回軸の上に載せてバランスを取ると、一方がある方向を向くと他方がそれに感じたように同じ方向を向く力を持ったある種の天然の磁石」について書いている。そして周辺にアルファベットが書かれた文字盤の中心に各々の針を据え、例えば一方の針を「A」に合わせると、他方の交感針も同じ文字を指し示すことになる。そしてこの動きは両方の針がどんなに遠くに離れていても伝わり、ある一連の文字を指し示していけば、ある場所から他の場所にメッセージを送ることができるものだとされる。

「あちこちへと針は動き回り、あれこれと文字を指し示す」とストラダは書いている。「誰も手を触れないのにあちこちへと揺れ動くお喋りな鉄の棒の上にかがみ込み、その教えを記録しながら遠く離れた友人とするすばらしい会話。その棒が動かなくなって何か答えることがあるなら、今度はこちらが同じようにいろいろな文字を指して友人に返答するのだ」。

この針の話も事実の片鱗が元になっている。天然磁石として知られる自然の鉱物があり、これは針やいろいろな金属を磁化するのに使われていた。そして2つの磁石を非常に接近させて旋回軸の上に載せて一方を動かせば、磁界の相互作用で他方も呼応して動く。しかし、両者はいつも同じ動きをするとは限らず、この効果は両者が真横に並べて置かれたときにしか生じない。ストラダが書いたような、遠距離間で相互作用するような針はまず存在しない。

しかしそうだとしても、人の噂は絶えないものだ。あるイカサマ商人が、イタリアの天文学者で物理学者のガリレオ・ガリレイに、こうした一組の針を売りつけようとした。実験による証拠を得ることや直接観測することを昔から信条としていたガリレイは、その場でデモをするように頼んだ。その商人は、その効果は遠く離れていないと生じないと言って拒んだが、ガリレイはお笑い草だと商人を町から追い払った。

この魔法の針のことは、電気の性質を研究する人の間でも話題になっていたが、1790年までは何ら実用的な信号装置は作られなかった。この難関がついに突破されたとき、それは天然磁石も針も電線も使わない、従来は考えもつかなかった方法で実現した。

時計と鍋が通信革命に一役買ったとは信じがたいが、クロード・シャップがこれらを使って最初の実用的な通信システムを完成させた。

シャップも電気を使ってある場所から他の場所へメッセージを送ろうとしては失敗していた研究者の1人だった。フランスの裕福な家に生まれて聖職者の道を歩もうと考えていたものの、1789年のフランス革命で挫折し、科学研究で身を立てようと転身して物理学を学び、特に電気を使った通信システムの構築に関する研究に没頭した。他の人同様に、大した進展もなかったので、もっと簡単な方法を取ることにした。ほどなくして彼は、4

分の1マイル先からも聞こえる厚手の鍋を叩いて出る大音響と、特別仕様の時計2つを組み合わせたシステムを考え出した。その時計には長針も短針もなく、通常の2倍の速度で毎分2回まわる秒針と、12ではなく10分割された数字がついた時計盤がついていた。

メッセージを送るにあたり、クロード・シャップと弟のルネは、両親の家の裏で数百ヤード離れて立ち、まずはそれぞれの時計の針を合わせた。クロードは自分の時計の秒針が真上に来たところで鍋を打ち鳴らし、弟はそれに自分の時計を合わせるのだ。それからクロードは自分の送りたい数字の上を針が通過するたびごとに音を立てた。シャップ兄弟は番号を解読する辞書を作り、数字を文字、単語、文へと翻訳していき、簡単なメッセージを送った。どういう符号が使われたかははっきりしないが、2桁か3桁の数字を単語や文と対応させる辞書を作っていたと思われる。

つまり簡単な符号を使って複雑なメッセージを送れたということだ。しかしこの仕掛けの難点は（いつもカンカンと余計な音が聞こえる以外に）、情報を受け取る側が送り手の音が聞こえる範囲にいなくてはならず、風の向きなどにもよるが、音が最大数百ヤードしか届かないことだった。シャップは銅製の鍋をもっと大きな音が出るものにする代わりに、信号を聞こえるものから見えるものに代えたほうがいいと気づいた。

そこで鍋は外して、その代わりに両面を白黒に塗り分けて回転できる、5フィートの高さの木製パネルを取りつけた。今度はある数字の上を秒針が通過した瞬間に、その板の白黒を反転させることで数字を送った。この改良されたデザインなら、パネルを望遠鏡で観測できる限り非常に遠距離でも即時にメッセージを送ることができる。

シャップと弟は1791年3月2日の午前11時に、彼らの郷里であるフランス北部のブリュロンの城と10マイル離れたパルセの家との間でメッセージを送るために、この白黒パネル、時計、望遠鏡と符号表を準備した。当地の役人が見守る中、地元の医者が選んだ「SI VOUS RÉUSSISSEZ, VOUS SEREZ BIENTÔT COUVERT DE GLOIRE（もし成功したら、あなた方は栄誉に浴するだろう）」という文を4分かけて送った。

シャップは発明したこの装置を、前代未聞の速度で情報を伝えられることを強調したくて、ギリシア語で「早書き」を意味する「タキグラフ（tachygraphe）」と名づけたかった。しかし、彼の友人で政府の役人かつ古典学者のミオ・ド・メリトに、「遠方に書く」という意味のテレグラフ（télégraphe）という名前にするよう説得された。

ということで、テレグラフが誕生したというわけだ。

この発明がうまくいったので、シャップはパリにいる立法会議の長に選ばれた兄のイニャスに、資金集めを手伝ってもらおうと声をかけた。しかしフランス革命の混乱の余波で、新発明の宣伝はうまくいかず、資金集めは成功したとは言えなかった。シャップ兄弟がまた1792年に、パリ郊外ベルヴィルで実験をしようと準備していたところ、テンプル牢獄に幽閉されている王党派と連絡を取るためと勘違いした群衆によって装置を破壊されてしまった。シャップ兄弟は命からがら逃げ出した。

その頃にクロード・シャップは、同期を取るための時計を使わなくても済む方法を思いついていた。彼は長い回転棒の両端に回転する短い2本の腕のついた、まったく新しいデザインの装置を考え出していた。この棒は「レギュレーター」と呼ばれ、水平と垂直方向に向けることができ、小さな腕は「インディケーター」として各々45度ずつ回転して7つの状態のどれかを取ることができた。この仕組みでは98の違った組み合わせが可能で、6つを「特別使用」のため除外し、92の符号で番号や文字やよく使う単語を表した。専用符号表は92ページから成り、各ページに92の単語や文が書かれており、総計92×92＝8464個の単語や文を2つの連続した符号で表現できた。最初の符号が符号表のページ数で、2つ目がそのページの単語や文の番号を表現した。

このシャップのデザイン用に、有名な時計職人のアブラアム＝ルイ・ブレゲが巧みな制御機構を作った。本体のミニチュア版を操作することで、その動きが伝導部位を介してつながったずっと大きな本体の腕を制御するものだった。本体は塔の屋根の上に設置され、オペレーターは塔の中で操作を行った。シャップはこうした塔を隣りが見渡せる数マイル

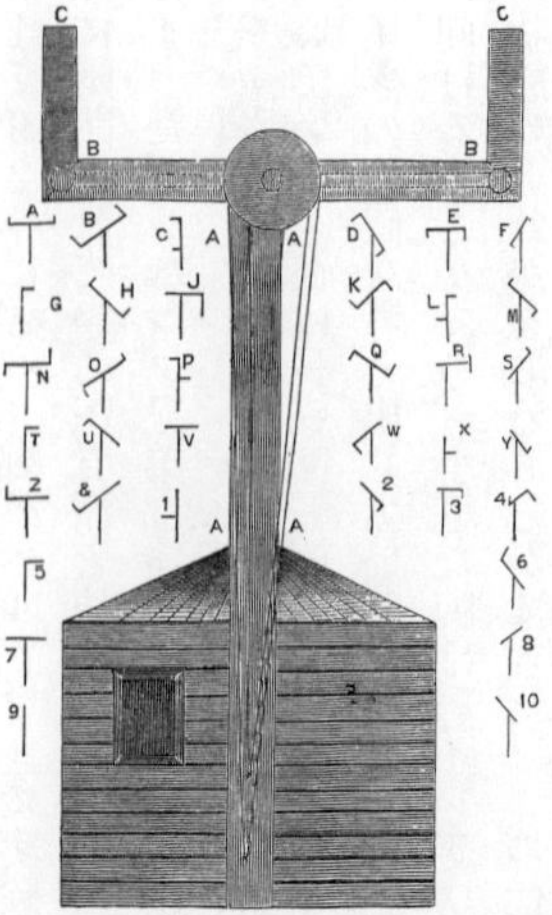

シャップの光学式テレグラフ。腕木の位置によって対応する文字が一緒に書かれている。塔の屋根部分に取りつけられ、操作は内部からオペレーターが行った

おきに並べることで、遠距離間ですばやくメッセージを送れると信じていた。

1793年になってシャップはこの新しいデザインの詳細を、立法会議を継承した国民会議で発表した。公衆教育会議議長のシャルル＝ジルベール・ロムが彼の提案の可能性を理解して採択してくれ、それが軍用に使えるだろうとのことから評価のための実験の費用が出ることになった。

有名な科学者ジョゼフ・ラカナル、数学教授のルイ・アルボガスト、議員で歴史学者でもあるピエール＝クロード＝フランソワ・ドーヌなどの委員がすぐに選出された。そしてベルヴィル、エクオン、サン・マルタン・デュ・テルトルの3カ

所にそれぞれ20マイル離れたテレグラフ用基地を建設する費用が出ることになった。これら3つの塔の間でうまくメッセージを送れるのなら、この方式でもっとたくさん塔を建てることで、明らかにさらに長距離間でもメッセージを送ることができる。パリでの暴徒の話をシャップ兄弟から聞かされたので、各市の市長はテレグラフとそのオペレーターの安全確保の責任を負うことになった。

数週間のうちに塔は完成し、1793年の7月12日に委員会がデモのために招かれた。最初のメッセージの送信は午後4時26分に開始された。各塔には2人のオペレーターがいて、1人が小さい回転腕を操作し、もう1人が隣りの塔を望遠鏡で見張った。送信側の腕の位置を真ん中の基地の観察者が報告すると、オペレーターが腕を動かして同じ信号の形を作るのに数秒間を要したので、信号は受信側にさざ波のように伝わっていった。この3つのテレグラフの塔は約11分かかって、どちらかというと退屈なメッセージ（「ドーヌがこちらに着いた。彼は国民会議が国家安全保障委員会に、代議員の書類に保証を与える権限を付与したことを宣言した」）をこの一方向に送ったが、また9分かかって同じぐらい味気のないメッセージが送り返されてきた。しかしこの実験は成功し、委員会の中でも特にラカナルは非常に感じ入ったようだった。

2週間してラカナルは会議でこの偉大な発明の持つ可能性を賛美し、これがフランス人によって発明されたことがいかにすばらしいかと演説した。「この共和国の住民の英知によってもたらされた科学と技術の明るい未来は、共和国にとどまることなく、わが国がヨーロッパ全体を導く存在になる」と彼は熱く語った。大そうな入れ込みようだが、これはテレグラフを使えば、新しくできたばかりのフランス共和国のパリの中央政府が、地方をしっかりと掌握できる可能性があるからだった。ともかく彼の演説によって、パリから北に130マイル離れたリールまで、15の基地が一直線に構築されることが提案された。シャップは政府の職員となり馬の使用も自由になった。

パリとリール間の線は、国家テレグラフ局の初の一部門として1794年5月に稼働し始め、同年8月15日にはオーストリアとプロシアからある町を奪回した報告を、戦闘終結から1時間以内に伝えた。フランス軍が北に侵攻してオランダに入ると、またまた戦勝報告がテレグラフで伝えられ、政府のシャップの発明に対する評価が高まった。1798年までにはパリから東に向かってストラスブールまで2番目の線が引かれ、リールまで行っていた線はダンケルクまで延長された。

1799年に権力を掌握したナポレオン・ボナパルトはテレグラフの信奉者で、このネットワークをもっと拡張するよう指示し、英国を攻めようとブーローニュまでの線も建設した。彼はシャップの弟のアブラアムに英仏海峡を越えて通信できるテレグラフを設計するよう依頼した（海峡の最短距離にほぼ等しいベルヴィルとサン・マルタン・デュ・テルトル間に作られたプロトタイプはうまくいった。フランス側の基地がブーローニュに作られたが、ナポレオンの英国侵攻は実現することなく、英国側の基地は作られなかった）。1804年にナポレオンはディジョン、リヨン、トリノ経由でパリからミラノまでの線の建設を命じた。これはかつてない大規模なものだった。

ラカナルの予想はこの頃には現実のものになり、フランスは「ヨーロッパを導く国」となった。テレグラフの軍事的価値に気づいたヨーロッパ諸国、特にスウェーデンと英国は、すぐにシャップのデザインをコピーしてそれに変更を加えた。英国ではフランスと交戦中に、海軍省が1795年にロンドンから南部の港までの通信を行おうと、テレグラフ用の塔を建設して線を引いた。英国のテレグラフは牧師でアマチュア科学者でもあるジョージ・マレーが設計し、6つの木のシャッターがついたもので、その開け閉めの組み合わせで64通り（2×2×2×2×2×2＝2の6乗）の組み合わせが可能だった。すぐにテレグラフの塔は全ヨーロッパに広まった。

テレグラフのシステムはまさに当時の技術的な驚異だった。1797年版の『ブリタニカ百科事典』には、今日でも通じるような印象的な技術的楽観主義の記述がされている。

1797年にできた英国のシャッター式テレグラフ。6つあるパネルは開いたり（水平方向）閉じたり（図にあるように垂直方向）することができ、全体で64の組み合わせを作れる

「一連の基地によって離れた国々の資本が統合され、現在は何カ月も何年もかかる資本間の争いも、数時間で解決に向かうかもしれない」。この百科事典の筆者はまた、このネットワークを有料で一般に開放してはどうかと提案している。「テレグラフがきちんと安定すれば郵便のようになり、ただの出費ではなく収入を生むことになるかもしれない」。

シャップもまた自分の発明に関して、これを軍用に使うのではなく、商売での利用を促進しようとする野望を抱いていた。彼はパリとアムステルダム、カディスの間、また英仏海峡を越えてロンドンとの間で商品価格の情報をやり取りするヨーロッパ・ネットワークを提案していた。そしてまた国が認可する日刊の全国広報の実現も主張していた。ナポレオンはどちらの提案も拒否したが、毎週全国くじの当たり番号を配信することについては同意した。これによって、くじの抽選が行われた当日中に番号が国中に知れわたり、くじ関連の詐欺が大幅に減ることになった。

しかし発明の成功で、クロード・シャップは幸せになったわけではない。彼のところには、ライバルの発明家からもっと優れた形のものを作ったとか、彼より前にこのアイデアを持っていたという文句がたくさん来るようになっていた。おまけに以前は一緒にやっていた時計職人のブレゲさえ、自分はシャップのデザインに制御機構以上の多大な貢献をしたと反旗を翻してきた。シャップは次第に強度のうつ状態になってどんどん妄想を抱くようになり、自分がずっと食中毒に悩まされているのはライバルが自分の食べ物に何かを入れたためだと非難するようになった。そしてついに1805年1月23日に、パリにあるテレグラフ管理局のビルの脇にある井戸に飛び込んで自殺してしまった。彼の葬られた墓には、「停止」という符号を表示するテレグラフの塔が建っている。

それにもかかわらず、彼の発明は花開き、1830年代の半ばまでにはテレグラフの塔は西ヨーロッパのほとんどの場所に広がり、回転する腕と開閉シャッターによる機械式インターネットとなって、1つの場所から他の場所にニュースや公式メッセージを伝えていた。大陸ネットワークはついにはパリから南はペルピニャンやトゥーロン、北はアムステルダム、西はブレストから東はヴェネチアにまで延び、他にもフィンランド、デンマーク、スウェーデン、ロシア、英国にも広がり、ヨーロッパにおけるテレグラフ塔の総数はほぼ1千本になった。

ネットワークが大きくなると英国でもテレグラフがブームになり、アマチュア科学者から日曜発明家、いかさま師までもが一生懸命に英国式のテレグラフ改良版を作り始めた。18世紀には海洋の経度測定に関して寄せられる奇妙な提案をもっぱら受け流していた海軍省には、今度はテレグラフを高速ないしは安価に実現するための玉石混淆の提案が何十も寄せられるようになった。発明家の中には、英国で採用された6枚のシャッター方式の改良を提案する者や、符号方式を改良する者、またこれまでのものを廃棄して完全に新しい方式を提案する者もいた。中には電気を用いたテレグラフを作ったと伝える者さえいた。

電気を使った方式の提案が最初に出されたのは、1753年2月17日の『スコッツ』誌だった。これはただ「CM」と署名した謎の筆者の投稿を掲載したものだが、その題名は「情報を伝達するための探検的方法」というものだった。この投稿で述べられているのは、アルファベットにそれぞれ対応する線《ワイヤー》から構成され、一端についた摩擦式の静電気発生器からショックを伝えるという簡単な信号システムだった。しかし、このCMなる人物が実際にこのようなテレグラフを作ったかどうかの証拠はなく、彼がどういう人物であるかも謎のままだ。

しかしこの投稿から1837年のヴィクトリア女王即位まで、多くの研究者が電気や電気化学的方法で少なくとも60以上の実験装置を作ったことが知られている。電線を伝わった小さな電気ショックを検知するために、化学物質の泡、放電、帯電した球のぴくぴくした動きなどを使ったさまざまなデザインが考案された。あるものは、CMの提案のように26本の電線（アルファベットの各文字に対応）を使い、他にもっと少ない数の電線を組み合わせたものもあった。しかしこれらを作った科学者は別々に研究しており、彼らは何もないところから作り始め、誰もシャップが光学式のシステムでその価値を示したように、決定的なデモを行うには至らなかった。

大成功を収めた光学式のデザインのように、誰もが関心を抱くようなレベルに達する電気式テレグラフについてはほとんど進歩がなく、電気式テレグラフは風変わりな何かとしか見なされていなかった。1813年に書かれた風刺詩では、次のようにうたわれた。

われらのテレグラフ、いまのままでいいからこれでいこう
それはいいニュースを遠くから運んでくる

そしてボニーが寝ている間にもっといいのを送ってくる
そしてついに憂鬱な戦争も終わらせた
電気式テレグラフには皆が悲しむ
彼らの働きはただのあざけり
われらを賢くはしてくれない
本当にショッキングな話ばかり

実際に動いた電気式テレグラフは、1816年に英国の28歳の青年フランシス・ロナルズによって作られた。シャップの最初のデザインのように、同期を取る時計と文字の書かれた円盤から構成され、それはまるで交感針のために作られたような文字盤だった。各時計には針はついておらず、刻みの入った回転盤からは一時に1文字しか見えないようになっていた。そして各文字を銅鍋の音や白黒の回転シャッターで信号にするのではなく、ロナルズは電気を使っていた。静電気発生器によって電気ショックが起き、送信側からそれが電線を伝わって送られると、受信側に電線で吊るされた帯電した球が互いに微妙に反発し合ってよじれ、受信側はその瞬間にダイヤルに出ている文字を書き記した。

ロナルズは自分の家の庭に実験システムを設置し、デモをしたいので海軍省の長官であるメルヴィル卿に会うべく、政府宛ての手紙に「なぜこのように忠実な伝達方法の資格がいままで真剣に問われてこなかったのでしょうか。そしてそれがその仕事に値するものなら、なぜ王族方はロンドンの大臣たちをブライトンの枢密院会議に召集しないのでしょうか。なぜポーツマスがダウニング街と同じくらい速やかに治められないのでしょうか。この王国のすべての場所に電気談話局を作り互いに交流しようではありませんか」と書いた。

しかし、テレグラフを改良しようとするあらゆるアイデアを盛り込んだものの、ロナルズの未来的な提案は、丁寧かつ頑なに拒否された。海軍省書記官のジョン・バロウは、フランスとの戦争が終結したため、テレグラフのシステムはこれ以上改良する必要はないと返事を書いた。「どんな種類のテレグラフであろうとまったく不要なものです」と彼は書き、「現在使用中のもの以外は受け入れられません」と加えた。

海軍省の立場もわからないではない。不可能と言われた実用的な電気式テレグラフを完成させたという詐欺師の話がしょっちゅう寄せられており、そんなものにいちいち関わるのは時間の無駄だったからだ。ロナルズは彼の発明品をデモするチャンスを失ったが、驚いたことにこのことに納得していた。「誰でも知っている話だが、海軍省はテレグラフの話にうんざりし切っていたんだ」と彼は書き、その後テレグラフは諦めて、天気予報の研究に取りかかった。

結局のところ、シャップのひらめきによる光学式テレグラフは成功したものの、運用にコストがかかりすぎるという制約があった。訓練されたオペレーターを常時張りつけ、いたるところに塔を建設しなくてはならず、各地の当局でなくては手が出せなかった。それに送れる情報量も少なかったため、公的な利用にしか供することができなかった。光学式テレグラフによって簡単なサインを組み合わせて複雑なメッセージを送ることができるとわかったが、多くの人にとって近くの丘の上にある塔が見える程度で、生活には何の影響もなかった（今日でも、この最初のテレグラフのネットワークの名残は地名としてある。いくつかの丘は現在もテレグラフ・ヒルとして知られている）。

光学式テレグラフは高価であるばかりか、いくつか腕木の先に色つきのランプをつけた実験もされたものの、暗い場所では使えないという欠点があった。それに暗くなる時間は予測できたものの、霧や霞のほうは予告もなく現れた。そこで新しい塔を建設する場所を選ぶときには、隣りの塔がある方向に沼や川や湖などがないか確認したり、霧の発生がないか近くの住民に聞き取りを行ったりした。

もし実用的な電気式テレグラフができれば、どんな場所でもどんな気象条件でも昼夜を問わずに利用できる。それに山やいろいろな障害物を越えてメッセージを送れる。こうした利点があり、ロナルズや他の人々が努力したにもかかわらず、電気式テレグラフはまだ広く不可能な夢だと信じられていた。

第2章 奇妙に荒れ狂う火

しかしある朝、彼は細い紐を作った
芸術家の洞察力に命が吹き込まれて形となった
その一方で、彼は天から奇妙に荒れ狂う火を持ち出した
それは深夜に吹き荒れる嵐の周辺を赤く照らした
そして彼はそれを山の頂に運んだ
そしてそれを大洋の懐に投げ込んだ
そして科学は岸から岸へと宣言した
時間と空間はもう人類を支配することはないと
——1872年に書かれたサミュエル・モールスを称える詩「勝利」より

現在では子どもでも電気式テレグラフ、つまり電信装置を作ることができる。電池と電

球と、それらをつなぐ電線が少々あればいい。私が電池を持って、あなたは少し離れて電球の近くに座る。そこで私は電池の両側に電線をつけて、一方をつけたり外したりすると、あなたのところの電球が点灯したり消えたりする。あらかじめアルファベットの文字を表現するための方法を互いに決めておけば、メッセージを送ることができる（最も当たり前の方法は、1回点滅する場合を「A」、2回を「B」などと順に決めておくことだろう）。

19世紀の初頭にはもちろん、電池や電球はいつでも手に入れられる状態ではなかった。ノレ神父が修道士たちにショックを与えるために使ったような原始的な電池は、1800年頃にアレッサンドロ・ヴォルタが発明した、現在の電池と同じ原理で働くヴォルタ電池に取って代わられていた。ヴォルタ電池はある瞬間だけさっと電流を放出するのではなく、電気回路にずっと電流を供給できるものだった。

しかしそれから80年ほど後に米国の発明家トーマス・エジソンが電球を発明するまで、電線に流れる電流を簡単に検知する方法はなかった。実験する人たちは、帯電した球の動きや、化学反応、火花といった現象を使っていた。しかしテレグラフの実験者が使っていたそういう電流の検知方法は（ロナルズの使っていたようなものも）面倒で、不安定で扱いにくく、それ以上の進展はなかった。

1820年にデンマークの物理学者ハンス・クリスティアン・エルステッドが、電線に電流が流れていると磁界が生じる、つまり電磁界の現象を発見したことで革新が起きた。エルステッドが電線の近くにコンパスを近づけるとそれが振れ、他のものへの磁界の影響によって電流を検知することができた。そこで初めて、電気を検知するための信頼できて再現性があり実用的な方法が見つかったことになる（皮肉なことに、これは交感針の神話の元になっていた磁気によるものだった）。

その後立て続けに、新しい装置が発明された。電流が流れると針が回転するガルヴァノメーター（検流計）と、電線をコイル状に巻き電流が流れている間だけ永久磁石のようになる電磁石だ。そのどちらかを新たに作られたヴォルタ電池と組み合わせれば、テレグラフの基本は整ったことになる。

しかし、電磁気の原理を使ったテレグラフはすぐに新しい問題に直面した。最新の電池や電磁石を使っても、長い電線を通すとあまりうまくいかなくなるのだ。誰もその理由がわからなかった。

例えば1824年には、英国の数学者で物理学者のピーター・バーローが、電磁石を使って電流を入れたり切ったりすることで、カチカチと音を出してメッセージを送る電信機を作ろうと構想していた。「ただ1つだけ、憂慮すべき問題がある。導線の長さを延ばすと、（電気的な）現象が弱まってしまうということだ。こうした現象がたった200フィ

サミュエル・モールス。電気式テレグラフの発明者の１人

ートの電線で生じており、これでは実用に耐えられないとすぐに確信した」と彼は書いている。

　バーローばかりか、多くの科学者が実験を通して、電線の長さを延ばせば延ばすほど、電気的な効果が薄れていくことを発見していた。この分野で働く人にとって、実用的なテレグラフの実現はまだまだ先の話に思えた。


　サミュエル・F・B・モールスは、シャップが光学式テレグラフを最初にデモした１７９１年に、マサチューセッツ州のチャールズタウンで生まれた。彼はテレグラフの分野の新参者だった。もし彼がテレグラフをもう少し早くから手がけていたら、妻の葬式までに自分の家に戻れたかもしれない。

　モールスの妻のルクレシアは、１８２５年の

2月7日の午後に、コネチカット州ニューヘイヴンの自宅で夫の留守中に突然死した。モールスは自ら選んだ画家としての仕事がうまくいきつつあり、ワシントンに行って企業向けの肖像画を描くという、金になる仕事に手をつけ始めていた。ちょうど軍人で英雄だったラファイエット侯爵の等身大の絵を依頼されたばかりで、仕事が軌道に乗り始めていた。彼は2月10日に妻に「いまどうしてる」と手紙を書いているが、そのときすでに彼女が死んでいたことは知らなかった。

ニューヘイヴンからワシントンまで旅するのには4日かかり、モールスは父から2月11日にルクレシアの死を知らせる手紙を受け取ったが、それは彼女の葬儀の前日だった。帰りの旅を急いだものの、彼が家に着いたのは翌週だった。妻はすでに埋葬された後だった。米国においては1825年には、メッセージはまだ郵便配達人が運ぶ速度でしか伝わらなかった。

モールスがテレグラフに入れ込むようになったのは、41歳のときに大西洋を渡っている船の上での偶然の出会いからだった。彼は3年間にわたりイタリア、スイスやフランスなどヨーロッパで絵の修業を積み、パリのルーヴル美術館の至宝を米国に持ち帰って紹介しようというかなりとっぴな仕事をして、1832年に米国への帰途についていた。ルーヴルの最高傑作の絵画のミニチュア版を6×9フィートのキャンバスに38枚描き込んで、それを自らルーヴル画廊と称していた。その絵は未完成だったが、モールスはそれを郵便や少数の裕福な乗客を運ぶ高速定期便サリー号に乗せて太西洋を渡っていた。

　彼は米国に帰ったらそのルーヴル画廊を完成させて展示し、入場料を取るつもりだった。これはモールスのお得意の手法だった。例えば彼は1823年から大理石を削る装置の実験を行っており、有名な彫刻作品の模造品を大量生産して一般向けに売るつもりでいた。それに若い頃からその他のいろいろな発明にも関わっており、1817年には新型の水力ポンプを作り地元の消防団に売ったりしていた。しかし、こうした美的な才能を生かした公共心に富んだ試みはどれも成功したとは言えず、不幸なモールスは金の儲かりそうな話に気の向くまま手を出しては失敗していた。

　サリー号が大西洋に出て2週間もすると乗客同士は親交を深めることになり、ある日の夕食の席で哲学的な話題が電磁気にまで及んだ。ボストンから来たチャールズ・ジャクソン博士はこの分野に詳しく、電磁石や他の電気関連の装置も船に持ち込んでいた。彼が電磁気の説明をしている最中に、「電気はどれほど早くどれほど遠くまで届くのか？」と、まさにノレ神父が解明しようとしていた疑問を発した乗客がいた。

　ジャクソン博士は、1746年に感電した修道士たちが証明したところでは、電気はどんな距離も瞬時に伝わるものだと説明した。モールスは雷に打たれたようなショックを受けた。「もしその回路のどこででも、電気が通っていることを目に見えるようにできれば、電気を使って情報をどんな遠方にも瞬時に送れるではないか」と言われたように思えた。これこそまさに多くの科学者が19世紀のかなりの時間を使って、電気の信号を送る装置の開発に取り組んできた理由なのだが、モールスはそのことを知らなかった。彼はそのまま席を立ってデッキに上り、自分のノートに何かを書きなぐり始めた。彼は自分こそがこうした考えにいきついた最初の人間だと信じて、すぐにこの新しい電気式テレグラフを作る計画に没頭し始めた。

幸いと言うべきか、モールスは他のテレグラフ開発者が長距離を伝送できずに失敗していたことも知らなかった。電気的な部分については簡単に解決できると勝手に思った彼は、もう一方の信号の符号化について考え始めていた。

光学シャッター方式なら多くの組み合わせが可能だが、電流は通っているか通っていないかのどちらかしかない。それを使ってどうやったらいろいろなメッセージを送れるのだろうか？　サリー号のデッキを歩き回りながら、モールスはまずは各文字に別々の回路を割り当てるという考えは捨てた。そして次に電磁石のカチカチという音を使って、教会の鐘が時刻を知らせるようにその回数で数字を伝える方法を考えた。しかしこういう方式にすると、1を表現するのに1回鳴らすなら、9を伝えるには9回繰り返さなくてはならない。

しばらくしてモールスは、現在われわれがモールス符号として知っている短点と長点の組み合わせから成る、短い信号と長い信号の「2値符号（bi-signal）」の方式に思いあたる。まずは長短の信号を組み合わせて、0から9の数字を表現したものをノートに書いた。こうした一連の数字を送れば、番号に対応する符号表を作ることで単語も送れる。

次にモールスは受けた電気信号の長短の点を元のメッセージに翻訳するために、記録に残す方法について考え始めた。そしてジャクソンと一緒になって、電磁石で動く鉛筆で紙テープに受信信号を自動的に記録する装置の図を描いた。

6週間の航海を終えてニューヨークに着いたモールスは、すっかり変わっていた。彼は着くなり港に迎えに来ていた弟のリチャードとシドニーに、この新しい計画について話し始めた。「いつもの挨拶を兄弟3人で交わすなり、帰宅するまでずっと、彼は船に乗っている間中ほとんど没頭していた、重要な発明について話していた」とリチャードは回想している。シドニーによると、兄は「船から歩き始めてからは、テレグラフの話ばかりで、それから数日するとそのことしか話さなくなった」そうだ。モールスは直ちに電気式テレグラフの作成に取りかかった。

ウィリアム・フォザーギル・クック。英国の電気式テレグラフ発明者の1人

4年後の1836年には同じような発想から実験を行った英国の若者がいた。ウィリアム・フォザーギル・クックは解剖学教授の息子で、インド軍に将校として派遣されていた後はぶらぶらしていたが、医者の訓練用に死体の断片を解剖用の蠟モデルにする作業に入れ込んでいた。ハイデルベルクで解剖学の勉強をしているときに、偶然にも電気の講義に出たことから、間もなく彼も電気式テレグラフ作りに手を染めることになった。

クックが出た講義では、ロシア人外交官のパヴェル・リーボヴィッチ・シリング男爵が1820年代半ばに実験用に作ったテレグラフのシステムのデモも行われた。このシステムにはガルヴァノメーターが使われ、左右の2本の針が回転してそれらの組み合わせで文字や数字を表示するものだった。ちょうどロナルズが英国で行っていたように、シリングも自分の発明を政府の上官に宣伝し、かなり長い政治工作の末に、ついに1836年にはニコライ皇帝の前でデモを行うことができた。皇帝は非常に感心して正式にネットワークの建設を許可した。しかしシリングはその後すぐに死去し、彼のテレグラフへの情熱はそこで終わってしまった。

ところが、ハイデルベルク大学のミュンケ教授は、電磁気の基本を教える際のデモ用に、シリングのガルヴァノメーターを模した機械を持っていた。こうしたデモに参加したクックは、「電気の持つ力に打たれ、テレグラフの情報伝達の実用的な可能性に強く感銘を受けた」。こうした現象が、本人の言では「この講義で述べられたことよりもっと役に立つ」と考えたクックは、（ひと山当てようといろいろ画策していたこともあり）解剖学をすぐに諦めて、シリングの装置を改良した電気式テレグラフを作ることを決意した。

彼は3週間以内に、1つの装置にシリング男爵の針が3本ついた試作品を完成した。この装置はスイッチで切り替えて、3本の針を6本の電線で制御するものだった。各針は右か左に振れるか不動のままで、この3本の針の位置の組み合わせでいろいろな文字を表現できた。

この試作品では30～40フィートの電線を使ってメッセージを送れたが、このとき英国に戻っていたクックはもっと長距離で通信できる装置を試そうとしていた。彼の友人でロンドンのリンカーン法学院の弁護士だったバートン・レーンが、1マイルの電線を張れるよう自分の事務所を3日間貸してくれることになった。「バートン・レーンの小さな事務所で1760ヤードの電線を互いが触れ合わないように並べるのはたいへんで、作業のための忍耐と疲労は想像を絶するものだった」とクックは家族への手紙に書いている。しかし悪いことに、結果は惨憺たるものだった。彼は1週間にわたり長居したため、レーンは事務所を返してほしいと言い始めた。

その頃、ニューヨークで奮闘していたモールスも同じような問題にぶちあたっていた。彼のテレグラフも短い距離ではうまくいったが、長い電線を使うと失敗した。両者ともテレグラフを作るには、最初に考えていたより電気に不可解な点があると気づいたが、この障害を越えるための科学的知識に欠けていた。

実際のところ、この問題はすでに米国の物理学者のジョセフ・ヘンリーが1060フィートの電線に電池と電磁石をつけてベルを鳴らすことで、すでに解決済みだった。1829年から1830年にかけて一連の実験を行ったヘンリーは、長い電線に電気を通すには正しい種類の電池を使わなくてはならないことを発見していた。彼はきちんとした電磁石に、大きな1つの電池でなく小さな多数の電池を並列につないだものを使うことで、もっと長い距離に信号を送ることができると気づいていた。太西洋の両側の科学者はすでにこ

チャールズ・ホイートストン教授。科学者で電気式テレグラフの共同発明者

のことを知っていたが、モールスやクックのようなアマチュア実験家はヘンリーの研究のことを知らなかった。

クックは当時、電気と磁気の相互作用を研究していた高名な科学者マイケル・ファラデーと会う約束をした。ファラデーはクックのデザインは技術的には健全なものだと認めたが、クックが自分の作った永久機関のことをまくし立て始めたので、こいつはいかさま師だと思って、時間がないとクックを帰した。

クックは次に、ピーター・ロジェにアドバイスを求めた。ロジェは現在では最初の類義語辞典を作ったことで有名だが、彼は科学者でもあり18 3 2年には電気に関する論文も書いていた。彼はクックを、電気の速度を測定するために卓越した実験を行うことで有名だったチャールズ・ホイートストン教授に紹介した。この会合で、クックはホイートストンが実際に実験に使える4マイルもの長さの電線を持っていることを知って喜んだ。彼はまたホイートストンが独自のテレグラフの実験をしていることを知って、少々不機嫌になった。その上、ホイートストンはヘンリーの研究を知っていて、クックの失敗した長距離での信号の伝送に成功していた。

2人はあまりしっくりこない協力関係を結ぶことになった。クックはホイートストンの科学的知識が必要で、自分の装置から得られる利益の6分の1を提供することにした。ホイートストンは高飛車に、科学者は結果を出版すること以外はすべきでなく、商売は他人がそれを使って勝手にすればよく、自分より年下のクックと協力関係を結ぶと同じ立場になってしまうと主張した。しかし彼が後年書いたものによると、クックの「熱意と能力と忍耐」に感じ入り、「文書では自分の名前を先に出す」といういくぶん子どもじみた条件で協力関係を結ぶことになった。

これはやっかいなホイートストンらしい反応で、クックとの関係はいつも非常に不安定なものだった。おまけに彼は非常に恥ずかしがり屋なうえどうしようもなく尊大なところがあり、テレグラフの発明は自分が単独で行い科学的な名誉は自分のものだと言い張り、クックは自分の発明を宣伝するためのビジネス関係者に過ぎないという態度を取った。

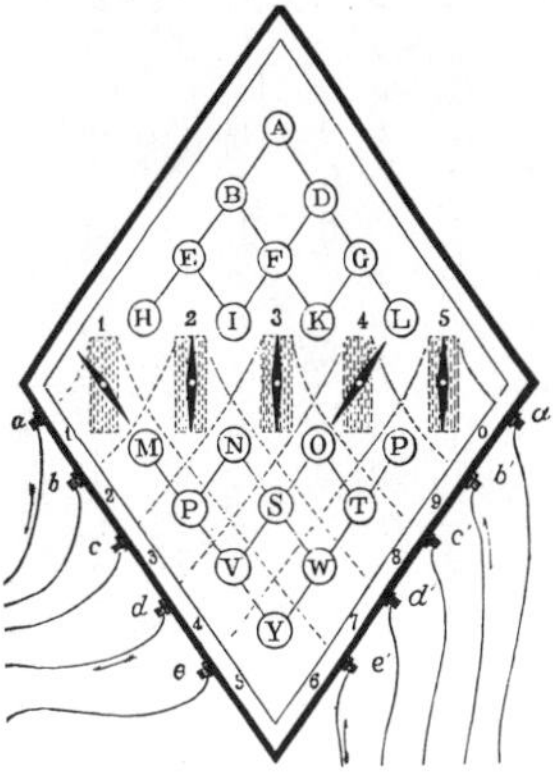

クックとホイートストンの作による5本針の電気式テレグラフ。それぞれの針は左右に振れるか垂直のまま。2本の針を動かして対角線状の格子の交点の文字を指す（この例ではVの文字）

2人の個人的な関係は良くなかったものの、プロとしての生産性は高かった。彼らはすぐに5本の針のついた改良版を作って特許を取った。それぞれの針は左右に振れては、ひし形の格子縞に書かれた番号や文字を指すので、どういう組み合わせがどういう文字に対応するのかを学習する必要はなかった。しかし5本の針の組み合わせではテレグラフで20文字の組み合わせしか表現できなかったため、C、J、Q、U、X、Zの6文字は省かれることになった。このデザインでは送信側と受信側を各針に対応する5本の電線で結ばなくてはならなかったが、符号表なしに迅速にメッセージを送ることができた。

この時点で、クックとホイートストンが数カ月しか経っていないのに対し、モールスのほうはもう5年間もテレグラフに入れ込んでいた。それは彼が送信側で、文字や数字を表す歯をつけた金属を通すための歯棹（控え定規）を使うという、非常に込み入ったデザインの装置を作るという脇道に入り込んでいたからだ。この歯棹が装置を通ると、これについた歯の間隔によって長短の電気パルスが生じてそれが受信側に送られ、電磁石が起動したり止まったりして鉛筆を動かすことによって、動いている細い紙きれに線が引かれる。長短のパルスでジグザグの線が描かれ、そのパターンをモールスのコードに変換して元のメッセージを読み出す。モールスはこの少々込み入った方式は、送信側があらかじめ送信メッセージを用意しておけるし、受信側も受信したメッセージをずっと記録しておけるという利点があると思っていた。それは事情を少々複雑なものにし、ニューヨーク大学文学部の教授としてアートとデザインを教えることで安月給しかもらっていなかったモールスは、たびたび給与を食事に回すのかテレグラフの部品を買うために使うのかを選ばなくてはならなかった。そのため装置を作るのに長い時間を費やすことになった。

長距離を伝送する問題に関しては、ジョセフ・ヘンリーの友人でニューヨーク大学で化学を教えているレオナルド・ゲール教授が、電池を変え電磁石を改良するよう親切に教えてくれた。「電池を1つの容器に入ったものから20個にし、まず200フィートのものから次は1000フィートに、ついにはニューヨーク大学の私の教室で友人たちが見守る中

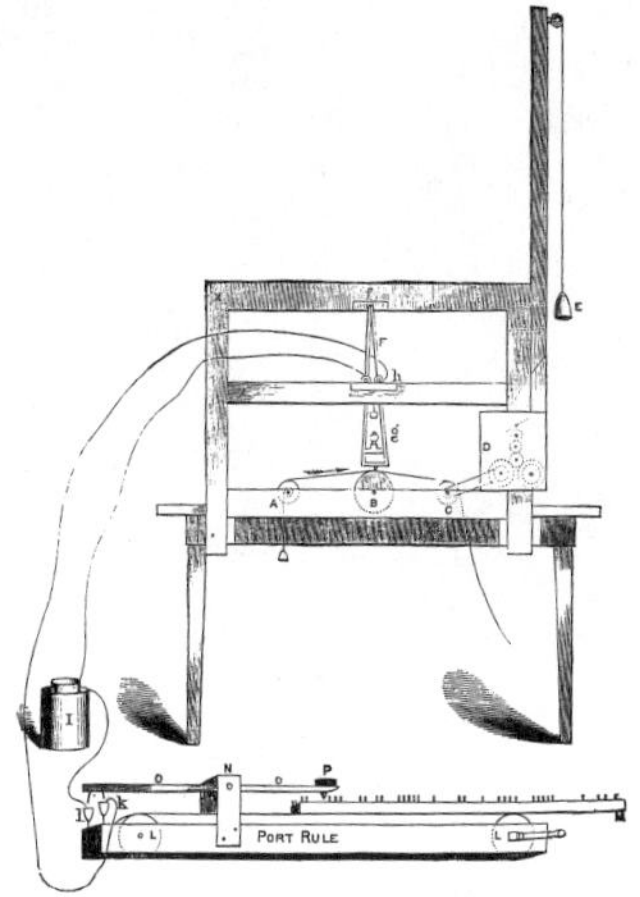

モールスの最初のテレグラフ。ハンドル（L）を回すと送信機（P）に歯棹が通り、回路が閉じたり開いたりする。受信側では電流の断続的な変化が、電磁石についた鉛筆（G）が揺れることで、動いているテープ（A）にジグザグの線として記録される

で、輪に巻いた10マイルの電線を通してメッセージを送ることができた」とゲールは回想している。これこそはモールスが願っていた難関を突破する瞬間だった。

　モールスとゲールは組むことになり、さらにモールスの試作機のデモを見て手伝いたいというアルフレッド・ヴェールという若者が加わった。彼はこの事業のパートナーとして共同で特許権を得る見返りとして、完成品を作るための費用を出すことに同意した。資金に困っていたモールスとしては、金持ちでやる気もあり、父親の鉄工所で働いていた経験もあるヴェールとの出会いはもっけの幸いだった。

　ヴェールを仲間に加えることで、モールスのデザインは飛躍的に進歩した。彼らは

歯のついた金属の歯棹をやめて手でキーを打つ方式に変えた。鉛筆でジグザグの線を描くのではなく、インクのペンが上下して線や点の破線を描くようにした。モールスの番号方式はやめて、各文字に対応する点や線の組み合わせの符号にしたので、番号による符号表は要らなくなった。モールスとヴェールは印刷所の活字の数をかぞえて最も多く使われる「E」を最も短い符号、つまり点1つで表現することにした。

モールスとクックは設計した装置の完成度が上がってくると、互いの苦労については知らなかったものの、自分たちの仕事がもっと意味のあるものであることに気づき始めた。クックは電気式テレグラフが政府にとって「大事が起きたときに地方の出先機関に命令を出したり、必要なら支援のために軍隊を送ったりする」のに有用だと考えた。彼はまたこれが株価情報を送ることや家族の病気の際にも役立ち、「通常の方法では不可能な場合でも、臨終の床に間に合うよう急かすことができる」と考えた。

モールスもテレグラフに関して同じような展望を持っていた。部屋を訪れたある人の記録では、彼は「場所を問わず操作に時間がかからない、書き言葉によるコミュニケーションや意見の交換のための（電磁気を使った）実用的な方法を発見し、いずれはそれが国内の公衆の生活の手段にまでなるだろうと信じていた」。

モールスは最初の最初から、大西洋の両側にある北米とヨーロッパが線でつながれてテレグラフで結ばれると信じていた。彼は世界中の国々が電線で相互に結ばれ、国際的なテレグラフのネットワークでつながれることを夢見ていた。彼はよく好んで「もし10マイルまで止まらずに成功すれば、それを地球全体にまで広げることができる」と言っていた。

それにモールス個人の人生にとって、テレグラフがもう数年前にあればどんなに役に立ったかは明々白々だった。彼の息子のエドワードは、「彼は自分の最愛の人のニュースを何週間も不安なまま待ち焦がれたことをよく話しており、国の行事や商売などに応用すれば、迅速なコミュニケーションのおかげで戦争を回避したり財産を守ったりすることになり、また死の床にいる妻のところへ駆けつけることができたり、最愛の子どもの命を救ったりと、人の情に応えることができ、逃亡中の犯罪者を捕らえたり、罪のない人の刑期を減刑したりすることにも役立つと予想していた」と話している。

クックとモールスは不可能に挑み、実用的な電気式テレグラフを構築した。もちろん、世界は彼らの足下にひざまずくことになる。しかしプロトタイプを作るのはまだ簡単なほうで、人々にその重要性を信じてもらうのははるかにたいへんなことだった。

第3章 電気に懐疑的な人々

その装置が実際に働くことは小さな規模では示されたが、この得体の知れない発明に何らかの価値があるようには見えなかった。彼は再三にわたって夢想者と断定され、彼の事業はばかげたものだという烙印を押された。

——1872年の『ニューヨーク・タイムズ』に載ったサミュエル・モールスの死亡記事より

電気式テレグラフの問題は、以前の光学式と比べてみると、通信の手段として手品のトリックを使っているように見えることだった。光学式テレグラフの装置を見れば、腕やシャッターがさまざまな形になって、それぞれが違った字や言葉や文などに対応していることが誰でもはっきりわかる。ところが電気式テレグラフときたら、ガタガタと音がしたり、意味のない点や線が紙の断片に描かれたり、針が激しく揺れるといったことしかわからない。そんなものが役に立つのか？　米国のモールスも英国のクックも、懐疑的な人々に信じてもらうためには、以前の光学式のものよりもっと大規模なシステムを構築して優位性を示すしかないということに気づいた。そこで2人ともテレグラフの電線を引いてデモをするための資金を探し始めた。

議会にシャップ方式のテレグラフを通すため、ニューヨークからニューオリンズまで塔を建設する提案が出されたとき、モールスはチャンスが来たと思った。財務長官は「米国にテレグラフのシステムを設立することの妥当性」という報告書を作って、政府関係者や関心のある団体に回覧して意見を求めることになっていた。モールスはこれに熱心に回答し、電気式テレグラフの優位性を説き、彼がすでに10マイルのケーブルでの伝送実験に成功していると指摘した。彼は自分のテレグラフが十分な距離で働くことを示すため、デモ用にネットワークを作る資金を要請した。

1838年にモールスはワシントンまで自分の機器を持っていき政府関係者に見せたが、彼らは賛成とは程遠い反応しかしなかった。その理由は簡単だった。モールスは机の上に数フィートしか離さないで送受信の機器を置いて、両者を巨大なコイル状に巻いた電線で結んだので、点や線や符号のメッセージをある場所から他の場所まで送ることとは関係がなさそうに見えたのだ。そしてその頃に議会はテレグラフという方式に関心を失ってしまったようだった。

モールスは1838年から1839年にかけてヨーロッパに出向き、彼の発明を宣伝して現地の特許も取得しようとした。英国ではクックとホイートストンと一戦を交えることになり、英国での特許取得が彼らの反対で絶望的になると、モールスは大陸側に移り支援を得ようと奮闘したが、何カ月間は不毛なまま終わった。

クックとホイートストンが成功したといっても大したものではなかった。クックの父親は、数年前に海軍省にテレグラフの実験を拒否されたフランシス・ロナルズの友人だった。そこでクックは英国政府に自分の発明を持っていってもどうにもならないことがわかっていた。その代わりに彼が自分の製品の売り先があると考えたのは鉄道だった。1837年にロンドン&バーミンガム鉄道の関係者に見せたデモはうまくいき、クックとホイートストンはユーストンとカムデンタウンの1・25マイルを結ぶ実験用のテレグラフを作り、それがうまく動いたので幸先のいいスタートを切った。クックはまたロンドンとバーミンガム、マンチェスター、リヴァプール、ホーリーヘッドを結ぶ一般向けのテレグラフのシステムの計画さえ立てていた。しかし鉄道会社は急にこのアイデアに冷たくなって、「現在はこれ以上進めるつもりはない」と言い始めた。

そこでクックはグレート・ウエスタン鉄道に売り込みにいき、ついにはパディントンとウエスト・ドレイトン間の13マイルを結ぶ、5針式のテレグラフの伝送路を作る合意に達した。その後間もなく、ロンドンの波止場周辺地域にある小規模なブラックウォール鉄道にもう1つテレグラフのシステムができた。そこでは接続のための線が何本か切れて5本の針のうちの3本が動かなくなったが、オペレーターがいくつかの動きを使って2本の針で伝送できる新しい符号方式を作り出したという後日談もある。ともかく、クックとホイートストンは針が5本も要らないことに気づき、その後に設置したものは線を減らしてもっと安くすることができた。

しかしこの頃には、2人のうちのどちらがテレグラフの発明を主導したかという個人間の争いがまた表面化し始めた。2人は最終的には紳士的にこの問題を解決することにし、共通の友人2人を仲裁役として陪審員に任命し、彼らの決定に従うことにした。1841年の4月に、仲裁役は両者が納得するような巧妙な妥協策を提出した。「クック氏は実用的なテレグラフを導入し有益な事業として運営したことで、この国が恩義を受けている唯一の人であり、ホイートストン教授は膨大な研究で成功を収めた科学者として、この発明が実用的な応用に使える計画であることを大衆に認めさせた人である」。つまり陪審員たちは、どちらかを優遇することはしなかったということになる。そこですぐまた、口論が始まった。

その頃クックは、グレート・ウエスタン鉄道のテレグラフを拡張することを計画していたが、会社は興味を失いつつあった。そこでクックは自分でこの線を運営することを提案した。今回は2針式テレグラフでスラウまで18マイルの線を延ばし、この線を鉄道会社に対しては無料で使わせるが一般にも開放するという条件で妥結した。ここにくるまで、彼は父親の財産を使って何百ポンドもつぎ込んでいたが、ほとんど利益は得ていなかった。「1843年の初めには、われわれは不況のどん底にいた」と彼は回想録に書いている。

モールスがヨーロッパでテレグラフを展開するのに失敗して米国に帰る頃も、議会ではテレグラフの提案に対して何も進展がなく、彼の共同経営者のゲールとヴェールは、自分たちが負け馬に加担したと心配し始めていた。しかしモールスは頑固なまま諦めなかった。彼はヴェールに書いた手紙の中で、テレグラフが始動しない原因は「発明の欠陥でも私の怠慢のせいでもない」と説明している。1842年の12月に彼は議会での最終入札に参加するためひとりで旅に出た。彼は議事堂内の2つの委員会の部屋を線で結び、その間でメッセージのやり取りを行った。しかし今度はどうしたわけか多くの人々が信じてくれ、ついには実験用の線を引くのに3万ドルの資金を出すという法案が出されることになった。

しかし誰もが納得したわけではなかった。モールスが傍聴席から見ていると、テネシー州選出のケイヴ・ジョンソン下院議員が、「そんなことなら催眠術の研究に支出したほうがマシだ」とその提案を茶化した。他の反対派の議員が「ジョンソン氏に催眠術をかけるなら実験をすることに何の反対もしない」と冗談を言った。会場が笑いに包まれている最中に、有名な催眠術の擁護者フィスク氏に3万ドルの半分を充てるという修正案が持ち出された。幸いにもこの修正案は否決され、2日後には89対83の僅差で本案が可決された。こうした反応は当時、電気式テレグラフは手の込んだ詐欺だという風評で不安が広まっていたせいだった。70人の議員は「理解のできない機械に公的な資金を支出する責任は負いたくない」という理由で棄権した。

モールスは資金を手にしたものの、この懐疑論に打ち勝たなければならなかった。彼は再度自分の装置を設置して、5マイルの電線につないでメッセージの伝送を行い、議員が誰でも来て見られるようにした。しかしこれでも議員は納得しなかった。ある場面で彼は「インディアナ州選出のブラウン氏がここにいる」というメッセージを送信し、受信側まで歩いていって点や線の描かれた紙片を得意げに振りかざした。「それじゃだめだ。それじゃ何も証明したことにならない」とある見物人が囁いた。「何て内容のない話だ」という人もいた。モールスのデモに立ち会ったオリヴァー・スミス上院議員は「彼は狂っているんじゃないかと、その顔つきをじっくり観察した……そしてその場を離れた後に他の上院議員に聞くと、誰もその装置を信用していないとのことだった」と回想している。

モールスはさらに同じ手法で、ワシントンからボルチモアまでの約40マイルにまで電線を広げた。この両市はすでに鉄道で結ばれており、彼は許可を得てテレグラフのケーブルを線路沿いに引いた。ボルチモア&オハイオ鉄道会社はかなり懐疑的で、この建設許可を与えるにあたっては「会社の運営に邪魔にならないこと」とし、どっちに転んでも大丈夫なように、もしテレグラフが動いたらタダで使えるようにするという条件さえつけた。

1844年の春には議会は「手に負えず狂っており」その発明が「ばかげている」と見なされているモールスを見張るために、ジョン・W・カークという監視員を任命した。最初は他の人と同じく懐疑的だったカークは、やがてこうした点や線が有用な情報に対応したものかどうかを検証する方法を思いついた。5月1日にはホイッグ党の全国大会がボルチモアで開かれることになっていて、線の工事はまだ完成していなかったものの、ワシントンからボルチモアまで15マイルのところはつながっていた。この大会で選出された候補の名前を伝送できれば、モールスは自分の発明の有用性を証明できることになる。

候補者の名前が発表されると、ボルチモアの郊外15マイルのところに仮設された停車場にいるヴェールのところまで、それが汽車ですぐに届けられた。そこでヴェールは多くの群衆が待っているワシントンの停車駅にいるモールスのところまで、候補者のリストを送信した。群衆に向かって名前が公表され、それから64分経ってボルチモアから最初の列車が到着することで確認が取れ、いちばん頑固で懐疑的な人さえ前言を取り消すしかなかった。

ボルチモアまでの線は間もなく完成し、1844年5月24日に正式に開通式が行われ、ワシントンの最高裁判所にいるモールスがボルチモアにいるヴェールに「神は何をなしたもうか」というメッセージを送った。電気式テレグラフの驚異は新聞でも報道され、モールスの成功は保証されたように見えた。

しかししばらくして、誰もがテレグラフを、彼が心に描いていたような革新的なコミュニケーションの形ではなく、新聞ネタの面白い新奇な出し物としか思っていないことに気づいた。

その頃までに英国ではクックがパディントンとスラウ間の線を、トーマス・ホームという興行師にライセンスして、彼が一般向けのデモを手がけていた。この新しいアトラクションを宣伝するために刷られたポスターは、テレグラフがどのように受け止められていたかを示している。「あちこちに即時に秘密厳守で送れる急送便」「パディントンとスラウの駅では、列車の到着時に合わせて、電気式テレグラフで伝えられた内容を郵便馬やあらゆる移送手段で配達するサービスもあります」。『モーニング・ポスト』紙はこの見世物は「科学の驚異を見たい人は必見」と宣言している。あちこちにメッセージを送れるということは単に科学的な興味の対象でしかなく、テレグラフは明らかに有益なコミュニケーションの形だとは見なされていなかった。小さな文字で「郵便配達員が常駐しており、テレグラフで受けたメッセージをロンドンの各所やウィンザー、イートンなどにも配送いたします」と書かれていたが、これはこのアトラクションのおまけとしか見なされていなかった。

テレグラフの評判は、1844年8月6日にヴィクトリア女王の2人目の息子のアルフレッド・アーネストがウィンザーで生まれたことを伝えたことで一気に高まった。『タイムズ』紙は発表から40分以内にそのニュースの載った新聞を街で配っており、「電気磁気方式のテレグラフの驚異的な力のおかげ」と、情報がかくも速く伝わったことを宣言していた。関係者である貴族や上流階級の人々がロンドンから、定員の3倍もの人を乗せた列車でウィンザーでのお祝い式に押しかけ、テレグラフの効用がまた証明された。ウェリントン公爵は正装を持ってくるのを忘れ、ロンドンまでテレグラフを打って次の列車で運ぶよう頼んだ。おかげで王室のお祝いに間に合うことができた。

悪名高いスリのフィドラー・ディックと彼の一団を捕らえるのに使われたことで、テレグラフはさらに認められるようになった。彼らのやり口は混雑した駅で群衆から盗んでその場から列車で逃走するというものだった。テレグラフが出現する前は、列車より速く情報を送る方法はなく、彼らは確実に逃げおおせた。しかし、パディントンとスラウ間の鉄道線に沿ってテレグラフの電線があるということは、列車が着く前に目的地の駅の警察に警告を出せるということだ。

もっと有名なのは、1845年1月3日に、ジョン・トーウェルを逮捕するのにテレグラフが役立った話だ。トーウェルは自分の愛人をスラウで殺害し、犯行が発覚するとロンドンに向けて逃亡を企てた。彼は茶色の変わった形の厚手のコートを着ていた。彼の人相書きである「クエーカー（KWAKER）風の服装」（クックとホイートストンのテレグラフにはQという文字がなかったのでKで代用していた）がロンドンに送られ、警察が列車に間に合い、彼が群衆に紛れてしまう前に逮捕することができた。『タイムズ』の記事には「もしスラウとパディントンの両方の場所で、電気式テレグラフという効果的な手段がなかったら、現在拘留されている一団の逮捕がたいへんな困難だったばかりか遅れも生じたろう」と報じている。トーウェルは有罪となり絞首刑に処せられ、テレグラフの電線は「ジョン・トーウェルの首を縛った線」として悪名もはせることになった。

こうした事件のあったことで、トーマス・ホームは新しいポスターを刷ることにした。

そこでテレグラフは「この大都会を訪れる多くの人々にとって最も興味深く魅力的な展示の1つ。ここを訪れた人々のリストには、ヨーロッパの国々の王族から英国のほとんどの貴族までの有名人の名前が含まれている」と紹介されている。ホームはテレグラフの速度を誇示するために、新たな手として犯罪対策に使われたことを最大限に利用することにした。そこには「来訪者の質問は、この装置を使って20マイル離れた人のところに投げかけられ、その答えが即時に打ち返されてくるし、ベルを鳴らしたり大砲を撃ったりするよう要望があれば、指令を伝えてから信じられないほど短時間でそのとおり実行もしてくれる。その強力な働きで、殺人者が逮捕され、泥棒が見つかっている。そして最後に、医療の助けが必要な際に他の手段では手遅れになるような場合に役立つことも重要だ。この偉大で国家的なすばらしい発明についてはあまりによく知られているので、これ以上その効用を説くのは野暮というものだ」と説明されていた。スラウとロンドンの間で有用なメッセージを交換する手段としてのテレグラフの潜在的な利用法はまたまた、ポスターの下に印刷された小さな文字の中に埋もれてしまった。

米国でもモールスと仲間が同じような冷淡な反応に遭っていた。ワシントンとボルチモアの間で実験的に利用することはタダだったのだが、一般人はただ見に来るだけでほとんど満足し、これを使って両市のチェスの名人が対戦するのを眺めているだけだった。テレグラフが日々の生活で有用なものだとは見なされなかった。「彼らは何の言葉も発さず興奮することもなく、それについて理解するかはどうでもよかった。ただそれを見たことを吹聴したかっただけだった」とヴェールはモールスにこぼしていた。

間もなくボルチモアの宗教主導者たちが、新しいテクノロジーは黒魔術に酷似しており疑わしいものだと言い始め、ボルチモアのオペレーターだったヘンリー・J・ロジャースがすぐに、「このまま続けていたら、受け入れられるより攻撃されることになりかねない」とヴェールに警告してきた。世論を味方につけたかった彼らは、くだらないチェスの試合は中止することを決め、利用は議会関連だけに絞ることにした。

1844年6月には再びモールスが議会に対して、ボルチモアからニューヨークまで延長することを要請した。彼は議会にテレグラフの効用を示す事例をいくつか提示した。例えばワシントンに住んでいるある家族が、ボルチモアに住んでいる親戚の1人が死んだという噂を聞いたので、モールスにその真偽を確かめてほしいと言ってきた。その答えは10分後に返ってきて嘘だとわかった。他の例としては、ボルチモア在住のある商人が自分のもらった小切手が信用できるものか、ワシントン銀行にテレグラフで問い合わせたものもあった。しかし議会は夏場休会しており、何も決定は下らなかった。12月になってモールスはまた議会に掛け合い、テレグラフの基地局を増やしたほうがもっと使えるようになると、国中の大都市を結ぶように主張した。

また彼はボルチモアとワシントン間の線の役立った利用事例を持ち出し、その中にはジョン・トーウェルの事件のように、ボルチモアの警察がワシントンの警察からテレグラフで送られた犯人の特徴を元に、到着した列車から降りてきた犯人を逮捕できた話も入っていた。この段階では、議会の議事概要がボルチモアの新聞にも送られて紹介されており、先進的な考えを持った商人が1人、2人と使い始めていた。しかし何も起こらなかった。

政府の関心のなさに失望したモールスは、私企業に方向転換した。彼は元政治家でジャーナリストでもあるエイモス・ケンドルを代理人に任命して一緒に働くことにした。ケンドルは個人の出資を元にニューヨークから放射状に出ている幹線道路沿いに線を引き、モールスと他の特許権保有者にその見返りとして、設立された各テレグラフ会社の株から50%の配当を与えるという提案を示した。1845年5月にはマグネティック・テレグラフ社が設立され、秋までにはフィラデルフィア、ボストン、バッファローや西部のミシシッピー方面に向けて線の建設が始まっていた。

一方で郵便局長官のケイヴ・ジョンソンは、2年前には議員としてテレグラフを揶揄していたのに、ワシントンとボルチモア間のテレグラフから政府も上がりを得る時期が来たと確信した。彼は4文字あたり1セントの利用料を取ることにし、1845年4月1日に、この線は正式に公的事業となった。しかしこれは財政的には失敗だった。最初の創業4日間は1セントしか徴収できなかった。20ドル札と1セントしか持っていない男がワシントンの局にやって来て、実際にやってみせてくれと頼んだ。そこでヴェールは彼に0・5セント分のデモをすることにした。彼はボルチモアのロジャースに「現在何時か?」を意味する「4」の数字を送ると、1時を意味する「1」という数字が返ってきた。両方の市は同じ時間だったので、これはあまり感心しないデモだった。そしてこの顧客は0・5セントのつり銭も求めずに帰っていった。

5日目にはテレグラフは12・5セントを稼ぎ、少しずつ増加して9日目までには1日の売り上げが1・04ドルに達したものの、まだ儲かっているとは言えない状態だった。3カ月経って193・56ドルの稼ぎがあったが、運用費は1859・05ドルかかっていた。議会はすべての事業から手を引いて、運用費を自前でまかなうかたちで続行するという条件で、この線をヴェールとロジャースに譲り渡した。事の次第で見る限り、テレグラフ事業が立ち上がるというケンドルの楽観主義には根拠がないように思えた。

しかし彼には自分のやっていることがはっきりわかっていた。次の年の1月には、マグネティック・テレグラフ社はニューヨークとフィラデルフィア間に最初の線を開通させ、ケンドルは両市の新聞に1月27日に線が開通するという広告を打った。料金は10語につき25セントだった。

最初の4日間の上がりは100ドルとかなりの額に達した。会社の会計担当者は「この商売は極度に退屈で、4日のうちの2日はフィラデルフィアでの管理不行き届きで遅れが生じて損するなど、まだ大衆の信頼を得るまでには至っていない。だがいずれ結果に十分満足ができるようになる。1カ月もすれば毎日50ドル稼ぐようになるだろう」と報告している。

英国でもクックに上げ潮がやって来て、かなりの成功を収めるようになった。彼は実際に海軍省を説得して、ロンドンとポーツマス間の88マイルの電気式テレグラフの価値ある契約を結んだ。海軍省を説得できれば、明らかにもう誰も怖くはない。この線が成功することで多くの商売が舞い込み、ロンドンとマンチェスター、ブリンガムやリヴァプールといったもっと商用需要がありそうな工業中心地を結ぶ企画が寄せられた。クックはさらに多くの鉄道会社と契約を交わし、すぐに何百マイルもの線の建設が始まった。

トーウェルの逮捕劇は、議員で突出した投資家でもあるジョン・ルイス・リカルドの、電気式テレグラフへの関心も引きつけた。彼はクックとホイートストンからテレグラフの特許権の一部を買い取り、おかげでクックの借金は消え、彼らの事業価値は14万４０００ポンドになった。１８４５年9月には、クックとホイートストンの特許権を併せて買い取り、クックとリカルドはエレクトリカル・テレグラフ社を創設した。

大西洋の両岸で、電気式テレグラフはついに離陸し始めた。

第4章 電気のスリル

「われわれは1つだ！」と国民は叫び、手に手を取り、その手の間を電気のスリルが伝わった。

——1872年にサミュエル・モールスに捧げられた詩「勝利」から

「近代の発明で、電気式テレグラフ（電信）ほどその影響が急激に広まったものはない。その普及のすごさは、その高貴な発明自体のすごさに匹敵するものだった」と1852年の『サイエンティフィック・アメリカン』誌は宣言した。

電信網の成長は、実際に爆発的と言っても過言ではなく、成長が早すぎてその大きさをとらえることさえできなかった。1848年に、ある筆者は「電信の建設は1カ月の間にも何百マイルも増えていくので、どの予定も当てにはならない。今後2〜3年のうちに、米国の人口が多い地域はすべてクモの糸のようなネットワークで覆われるだろう」と書いている。

懐疑心はあっという間に熱狂に取って代わった。1845年当時にはそのテクノロジーは「カカシやキメラの怪物のように扱われていたのに、いまでは腹心の召使のように扱われるようになった」と1849年にアトランティック・オハイオ・テレグラフ社が集めた資料は述べている。「電信の線はもはや実験段階にはない」と1850年に週刊誌『ミズーリ・ステートマン』は宣言している。

1846年当初にはワシントンとボルチモア間40マイルを結ぶ、モールスの実験用の線しか稼働していなかったものが、米国では急速に延長され、2年後には約2000マイルの線が引かれ、1850年には1万2000マイル以上の線が20の会社によって運営されていた。1852年の米国の国勢調査では、電信産業の記述に12ページが費やされている。「わが国の電信のシステムは世界のどこよりも広範囲に広がっており、数え切れないほどの回線が全国津々浦々までネットワークとなって本格稼働している」と国勢調査の監督官は書いている。ニューヨークからは個別の11本の線が放射状に出ており、ある銀行家にとっては日々6通から10通のメッセージをやり取りするのも普通のことだった。ある会社は年間、電信に1000ドルも払っていた。この頃には米国には2万3000マイル以上も線が引かれ、さらに1万マイルが建設中だった。1846年から1852年の間に、ネッ

1861年にポニー・エクスプレスの経路に沿って建設中の大陸横断電信。電信が完成すると、馬と人がリレーして運ぶサービスは時代遅れのものとなった

トワークは600倍の規模に成長した。

「この国の電信はその回線を大きく延ばし、郵便で送られる量にほぼ匹敵するすばらしいコミュニケーションの伝送設備となっている」と1852年に出版された『電磁気テレグラフ』の序文にローレンス・ターンブルは書いている。幹線では毎日何百ものメッセージがやり取りされており、ターンブルはこれが「電信がビジネスのコミュニケーションの伝送をするための重要な代理人となったということだ。毎日どんどん使われるようになり、日々有用性を増している」と書いている。

電信が既存のメッセージの伝達手段より優れていることが最もはっきりわかるようになったのは、それから何年かした1861年10月に米国の大陸を横断する回線がカリフォルニアまで届いたときだろう。それまで東西の海岸の間を結んでいたのは、ポニー・エクスプレスという、ウィリアム〝バッファロー・ビル〟コディとか〝ポニー・ボブ〟ハスラムなどの派手な有名人をかかえ、馬や騎手がリレーをしながら、ミズーリ州セント・ジョセフとサクラメントの間1800マイルを10日間でつなぐ郵便配達システムだけだった。しかしこのルートに沿った電信の回線が開通したとたんにメッセージは瞬時に伝わるようになり、ポニー・エクスプレスは廃業してしまった。

英国では電信はうまくいってはいたものの、大西洋の向こう側で熱烈に歓迎されているのとはまた違う雰囲気があり、それほど急速には受け入れられていなかった。「モールス教授によって発明された米国の電信に込められた意図は、わが国のものよりはるかに国際的なものだ」とある英国の著者は手放しで褒めている。「それは、銀行家、商人、議員、政府職員、ブローカー、警官の間でのメッセージのやり取りに使われ、両者が合意して相互に送り合ったり片方から一方的に送られたりし、ニュースや選挙の結果、死亡広告、家族や個人の健康状態に関わる問い合わせ、上院と下院の間での日常連絡、商品の注文、船の運行状況の問い合わせ、さまざまな裁判所間の判例集、証人の召喚、特急列車の情報、招待状、ある場所での金の支払いと領収、貸方に対する資金移動の要請、外科医の相談、そして通常の郵便で送られるものと同じあらゆる性格のメッセージを送るのに使われた。

電信の有効性に関する信頼はいまでは完全なものになり、数百マイル離れた土地の間で毎日行われる最も重要な商取引に使われている」。

英国では昔の光学式テレグラフは王室海軍の維持のために使われたとされるが、新しい電気式テレグラフは鉄道と結びつけられた。1848年には英国の鉄道沿線の半分にまで回線は引かれていたが、1850年にはそれが2215マイルにまで達して、翌年に本格的なものになった。ライバル会社の出現でリカルドとクックのエレクトリック・テレグラフ社の独占がくずれ、1851年のロンドン万博では13種類の新しい方式の電信機器が展示され、これが新しいテクノロジーへのさらなる興味をかきたてることになる。こうした進歩が、鉄道の陰に隠れていた新しい産業が立ち上がるための刺激となった。

電信は他の国でもうまくいっていた。1852年にはプロシアでベルリンから放射状に1493マイルの回線によるネットワークができていた。ターンブルが世界中の電信を調査したところによれば、電柱の間に線を渡す代わりに「プロシアでは回線が悪意の破壊行為にさらされないよう地中に通す方式になっており、これによって雷による損傷も受けにくくなっている」とされる。オーストリアには1053マイル、カナダは983マイルの線が引かれており、トスカナ、ザクセン、バイエルン、スペイン、ロシア、オランダでも電気式テレグラフが運用されており、オーストラリア、キューバ、チリのバルパライソ地方でもネットワークを構築中だった。ネットワークがいろいろな国に広がってテクノロジーが成熟してくると、電信装置や信号方式をめぐって発明者の間で競争が激化した。ターンブルは、電信が驚異的なあまりインドの「怠惰な」人民たちもやっと目覚めてネットワークを建設する気になったと喜んで書いている。彼はフランスに関してはもっと失礼なことに、「他のヨーロッパ諸国に比べて電信の企業化が遅れている」と述べている。フランスは電信のもととなるテレグラフを発明したばかりか命名までした国であり、この見解はお門違いだ。しかしフランス人は光学式テレグラフで先行していたせいで、新しいテクノロジーが出たからといって古いものを放棄する気がなく、それが足を引っ張る結果となった。フランスの作家フランソワ・モワニョーはフランスの電気式テレグラフのネットワークの現状を書いた論文をまとめて、1852年には750マイルの規模で、これは古い光学式テレグラフを終わらせる結果になると断じている。

1850年代の初期にはメッセージを送り合うことは「テレグラム（telegram：電報）」と呼ばれるようになっており、この用語が世界中の人々の間で日常的に使われるようになっていった。しかしまだサービスは高価で、ネットワークを使って由無《よし》し事を送る余裕があるのは金持ちだけで、多くの人は本当に緊急を要することにしか使わなかった。

メッセージを送るには電信会社のオフィスに行き、受取人の住所を書式に書き込んだ。料金は単語単位でかかり、送る距離にも比例したので、本文はなるべく短く書かなくてはならなかった。メッセージが書けたら、それを窓口で渡して、回線に送り込んでもらうのだ。

電信の回線は大きな都市の中央局から外に広がっており、長距離回線は地方の局をいくつか通っていろいろな町を結んでいた。それぞれの地方電信局は、中央局から出ている同じ線にぶらさがっていないと、互いに通信することはできなかった。ということは同じ線上の局は互いに直接通信できるが、それ以外のメッセージはまず中央局に送られて、そこから別の線に転送されて最終目的地まで送られるということだ。

最寄りの電信局でメッセージが受信されると、紙に書き写されて配達員が直接受信者のところまで運んだ。返信がある場合は、それが局まで持ち帰られた。中には前払い方式で返信できる特別料金を用意する会社もあった。

若者は配達人になりたがったが、これは余録としてもっといい話があるからだった。配達人の男の子がしなくてはならないことの1つに毎朝の操作室の掃除があったが、その際にそこにある器具に触って電信装置の働きを学ぶことができた。トーマス・エジソンや鉄鋼界の有力者で篤志家でもあるアンドリュー・カーネギーの最初の仕事は電報の配達人だった。「あの頃の配達人の男の子には楽しいことがいっぱいあった」と、カーネギーは1850年代の配達人のばら色の思い出を自伝に書いている。「果物の問屋があって、メッセージを早く届けるとりんごをいっぱいもらえたし、パン屋やお菓子屋では甘いケーキももらえた。親切で尊敬できる人たちがいて、仕事が早いと優しい言葉をかけて褒めてくれ、局に帰るときにはメッセージをまた頼んでくれる人もいた。私は男の子がこんなに注目を浴びて、頭のいい子が成長できる環境を他には知らない」。

電信の仕事はメッセージの送受で、現在の電子メールのようなものだったが、実際の仕事はそれよりもオンラインのチャットルームに近かった。オペレーターはただのメッセージの送受だけでなく、ある局を呼び出してはメッセージを再送してもらったり、受けたメッセージの確認もしていた。モールスの装置を使っている国では、熟達したオペレーターはテープに書き出された点や線を読まなくても、装置のカタカタいう音を聞くだけで、受信したメッセージの内容がわかるようになり、これがすぐに受信の標準的な方式となった。また通信を介した社交的な会話も行われるようになり、電信特有の表現も生み出された。

すべての単語を「フィラデルフィアからニューヨークを呼び出している」というように1文字ずつ打っていくのはたいへんな作業なので、電信のオペレーターたちは省略語を使って会話しあった。そこには1つの標準方式があるのではなく、回線ごとにさまざまな方言や習慣が存在していた。１８５９年に編纂された共通の略語集には、「ＩＩ《アイアイ》」（・・、・・）は「準備完了」、「ＧＡ」（－－・、・－）は「進めてください（GO AHEAD）」、「ＳＦＤ」は「夕食で中座（STOP FOR DINNER）」、「ＧＭ」は「おはようございます（GOOD MORNING）」などといった例が出ている。こうした言葉を使うことで、オペレーターはまるで同じ部屋で仕事をしているかのように、挨拶したり業務を滞りなくこなしたりすることができた。また数字も略号として使われた。「１」は「お待ちください」、「２」は「すぐに返信してください」、「33」は「返信分はこちらで払われました」などといった具合だ。電信局では全員が１本の支線を共有していたので、いつでも何人かのオペレーターが、線が空かないかじっと聞き耳を立てていた。線が空いている時間には、お喋りしたり、チェスを指したり、冗談を言い合うこともあった。

しかし電信はその後の電気的なコミュニケーションの方式と違い、メッセージを送受信する一般人は自分用の機器を所有して使い方を理解する必要がなかったため、それに不慣れな人には混乱のもとになった。そして、ある女性が夫にトマトのスープを届けようと電話機の送受口に注いだ、という嘘のような話とまるで同じ、電信に関する混乱や不可解な逸話がある。

ある雑誌に書かれた「電信の奇妙な信念」という記事にはいくつかの不可解な話の事例が出ている。「ある知ったかぶりな人が、線は中が空洞で、通信の内容を書いた紙がその中を豆鉄砲の豆のように吹き飛ばされていくと考えた。またある人は線が伝声管だと信じていた」。ネブラスカのある住民は、線が綱渡りの綱の一種で、その人は「手紙の入った袋を持った人がその上を渡っていくのを見よう」と線を注意深く監視していた。

メイン州のある電信局に、電報用紙に要件を書き込んだ人が来て、すぐに送ってほしいと頼んだ。オペレーターがその文をモールス符号で打って、「送信済み」の釘にその紙を刺した。紙が釘に刺さったままになっているので、その男はまだ送られていないのだと勘違いし、何分かしてオペレーターに「急いでいるのに、送らないつもりなのか？」と詰め寄った。オペレーターはもう送ったと説明したが、その男は「そんなはずはない。まだそこに刺したままじゃないか」と言い張った。

またこれはプロシアのカールスルーエで起きた話だが、1870年にザウアークラウトをいっぱい盛った皿を持った女性が電信局にやって来て、フランスと戦っている兵士の息子にそれを電報で届けてくれと頼んだという。オペレーターは電報では物は送れないと説得するのに四苦八苦した。しかしその女性は、兵士たちは電報で前線に送られたと言い張り、「どうやって、そんなにたくさんの兵士を電報でフランスまで送ったのか？」と尋ねたという。

当時のある雑誌の記事では、通常の言葉に業界用語が新しい意味をつけ加えたために起きた混乱を紹介している。「回線を電流が流れ《フロー》、電線や電流がメッセージを運ぶ《キャリー》という言い方をするので、これを一般的な意味で捉えて、ある場所の間で手紙や小包が実際に流れて運ばれていくと考える人がいる」。ある少女が母親に、どうしてメッセージは「電柱の間を途切れずに通っていくの」と尋ねたところ、母親は「それは液状になっているからなのよ」と答えたという。

また線を通っているメッセージが聞こえるという迷信がかなり流布していた。1848年に出版された『テレグラフ奇談』という本によると、「かなり上層階級の人にも、吊された電線にメッセージが通ると風鳴琴のようなうなりが生じると信じられているが、それは間違いだ」と書かれている。例えば、電線を抜ける風がよくうなることのあるカツキル山の局のオペレーターの話だ。ある日、地元の人に「仕事の調子は？」と聞かれたオペレーターが「上々だ」と答えると、相手が「そうは思わないね。ここ3～4日は至急便の音が聞こえないしね」と応じたという。

受信局側でメッセージを書き起こされることに伴う混乱が生じた例もある。電報を送ろうと送信用の書式を書いている女性が途中で「M夫人にこんな乱雑な字では送れないから、もう一度書き直さないと」と言い出した。またある女性が息子から送金依頼の電報を受け取って、それはうかつに信じられないと言い出した。彼女は息子の筆跡はよく知っており、局で書かれたメッセージは明らかに違うと主張したのだ。

多くの国に電信のネットワークが広まると、それらをつなぐ効用が明らかになってきた。1849年10月3日に、ウィーンからベルリンにメッセージを送れるようプロシアとオーストリアが最初の相互接続協定を結んだ。それはまだ非効率な方式で、国境を越えて回線をつないだものではなく、両国の共同局がひとつ作られ、そこには自国のネットワークにつなぐためにそれぞれの国の電信会社の職員が詰めていた。国をまたがるメッセージが着くと、局の端にいる職員が文字に直し、それを反対の端にいる職員まで運んでそこでまた再送信するというものだった。

同じような協定がプロシアとザクセン、オーストリアとバイエルンの間で結ばれた。1850年にはこの4カ国がオーストリア＝ドイツ・テレグラフ連合を設立し、相互接続のための通信量規制や共通のルール作りをした。翌年には4カ国のネットワーク間で直接接続を行う標準としてモールスの電信システムが導入された。そして間もなく、フランス、ベルギー、スイス、スペイン、サルジニアなどの国の間でも相互接続の協定が締結された。

しかし英国がこの成長中のヨーロッパネットワークに加入するには、英仏海峡という障害が立ちふさがっていた。

実際は電気式テレグラフが開発された当初から、水中の電信用ケーブルでの伝送は行われていた。ホイートストンはすでにウェールズで、船から灯台までメッセージを送る実験をしており、1840年には海峡をまたぐ電信網の構築を提案していた。しかし当時は陸上で短い距離を通す実験をしている最中で、海底などはまだ手がつけられなかった。

モールスも海底電信に挑もうとしていた。1843年にはゴムで巻いたケーブルを鉛のパイプに入れ、ニューヨーク港にあるキャッスル・ガーデンとガヴァナーズ島の間に沈めてメッセージを送った。彼はまた川の両岸に電信用の線につながれた電極を浸して、水を通して電気を伝えることにも成功していた（ホイートストンも同年にアルバート王子列席のもと、テムズ川で同様の実験をしている）。ともかく、水の中を通して数フィートの伝送実験に満足したモールスは、彼らしい熱心な調子で、大西洋をまたぐ電信回線の実現も間近だと予想した。

海峡を越える電信を推進する人々には実用的にはまだ乗り越えるべき困難があった。ゴムで巻いた電線を鉛のパイプでニューヨーク港に通すのと、海峡を通すのではまるで次元が違うのだ。ケーブルを十分長期間使えるようにするには、水中ですぐに劣化するゴムの代わりの材料を探さなくてはならなかった。

それを解決したのが、東南アジアのジャングルに生息するグッタペルカ（ガタパチャ）の木から採れる同名のゴム状の樹脂だ。グッタペルカの特質の1つは、常温では固いが温水に浸けると柔らかくなってどのようにでも変形できることだった。ヴィクトリア朝時代にはこれが現在のプラスチックのように使われていた。人形やチェスの駒、ラッパ形補聴器などはすべてこの材料で作られていた。それは高価ではあったが、ケーブルを絶縁するには理想的な材料だった。

絶縁体の問題が解決すると、引退した骨董商のジョン・ブレットと弟で技術者のジェイコブは英国とフランスの間の電信回線建設に取りかかることにした。彼らは英国とフランスの政府から正式に許可を得て、0・25インチのグッタペルカで被覆したケーブルをロンドンのグッタペルカ社に発注した。彼らの計画は驚くほどローテクなものだった。まずは電線（現在の家電についている電源用の線ほどの太さの）を糸巻きに巻いて、海峡を渡る蒸気船の船尾からたらす。そしてその線の両側に電信装置をつけるつもりで、自分たちの会社にジェネラル海洋地下電気印刷テレグラフ社という大げさな名前をつけて商売を始めようと考えた。1850年8月28日に、線を巻いた大きなドラムを積んだ、小さな蒸気船ゴリアテ号は、フランスへと出航した。

事は計画どおりには進まなかった。まず始めから、線が細すぎて水に沈まず、ボートの後ろで惨めに浮かんだままだった。ブレットはこれを見て、一定の間隔で線に錘《おもり》をつけて沈めることにした。夕方にはフランスのカレーの近くにあるグリネ岬に着き、彼らは最新式の電信装置をつなぎ、英国から送られてくる最初のメッセージを待った。しかし着いたのは、意味不明の内容のものだった。

当時はまだよくわかっていなかったが、ケーブルに問題はなかったものの、水の影響でケーブルの電気特性が変化して、電気信号がめちゃくちゃに変形していた。実際のところ、歯切れのいいパルス状の電流がなまってしまい、ブレットの高速自動機械があまりに早く伝送したので、前のパルスに後ろのパルスがかぶってしまったのだ。しかし旧式の1針式の電信を使うと、よく響く教会で神父が聴衆にわかるようにゆっくりとはっきりと発音するようにして、手作業でいくつかのメッセージを送ることに成功した。ところが翌日になって、フランスの漁師が網に引っ掛かったケーブルを水面まで持ち上げ、何かと思って切断してしまったことから、あえなくこの話は終わりになった。漁師はそれが中心部に金が入っている未知の海草だと勝手に判断して、ブーローニュの友人に見せていた。

ブレットは再度ケーブルを調達するために翌年まで資金集めをするも諦めかけたときに、鉄道技師のトーマス・クランプトンに出会った。彼は必要な1万5000ポンドの半額を出資してくれ、新しいケーブルもデザインしてくれた。ブレットは自分の発明品を保護したくて、グッタペルカで被覆した4本の線をより合わせてタールに浸した麻で巻き、タールで覆った鉄のコードの外装材で包んだ。それは最初のものよりはるかに丈夫で、重さも30倍あった。最初のように沈まないということはないが、その重さで船の後ろからブレットが思っていたより早く、どんどん繰り出されてしまった。それを制御するのは大ごとで、フランスの岸に着くまでにケーブルが足りなくなってしまった。幸いなことにブレットは予備用のケーブルも持っており、それを切って継ぎ合わせ、1851年の11月には数週間の試験期間後にこれが一般向けに公開された。ロンドンからパリに向けて最初に直接メッセージが打たれたのは1852年のことだった。

この成功によって海底ケーブルによる電信のブームが起き、グッタペルカ社の役員は大喜びだった。グッタペルカを事実上独占販売していた同社は、突然自分たちが金鉱の上にいることに気づいたのだ。水底に電信回線のためのケーブルを張る際の問題は解決されたようだった。ケーブルがきちんと絶縁され、切れない強度を持ち、沈むほど重く、あまり高速にメッセージを送らなければよかった。間もなくドーヴァーはオステンドとつながれ、2回の失敗の後に1853年には英国がアイルランドと結ばれた。さらに北海を通って英国はドイツの海岸部とつながれ、ロシアやオランダとも直接結ばれることになった。ジョン・ブレットはすぐにヨーロッパとアフリカをつなぐことに興味を移し、1854年にはコルシカからサルジニア、ジェノヴァとヨーロッパの主な島の間を結ぶのに成功した。しかし翌年には、地中海の最も深い、起伏のある地域を通してアフリカの北海岸まで敷設しようと試みて失敗した。ブレットは大金を失ったが、これは海底ケーブルにはともかく限界があるということだった。ヨーロッパとアフリカを結ぶことは、とてつもなく先のことになりそうだった。

第5章 世界をつなぐ

大西洋電信網、それは旧世界と新世界の思想を結ぶ、瞬時のハイウェーだ。
――１８５８年の『サイエンティフィック・アメリカン』誌より

大西洋横断電信網については１８４０年代からモールスや他の人々が、現在におけるタイムマシンや星間飛行を見るような調子で論じてきた。１８５０年代になっても一般的にそんなものはとうていできないし、たとえできたとしても誰も使わないだろうと思われていた。

大西洋横断電信網が直面していた困難は明らかだった。「サメとかメカジキが仮に大西洋の真ん中で絶縁ケーブルにヒレを引っかけたとしたら、この魔法のような通信が何カ月も使えなくなってしまう」と懐疑論者が書いている。「難破船や死体などの漂流物が潮に流されてきたときの対策はどうする？　仮に鉛の線を到達できる最も深い海底に沈めたとしても安全なのだろうか？」。

電信のことを少しでもわかっている人には、大西洋横断電信網を構築しようなどという話はばかげていたし、おまけにそれには莫大な資金が必要だった。そこでサイラス・W・フィールドという、電信については無知だが大金持ちの男が、ついに手を挙げたことは驚くべき話ではなかった。彼はニューイングランドの出身で、紙取引で財を成し33歳で引退していた。何カ月か旅行をしたときに、フレデリック・N・ギズボーンという英国の技術者に出会って、彼から電信のビジネスについて手ほどきを受けた。

ギズボーンは１８５３年に本土からセントローレンス湾を横切ってニューファンドランドまでケーブルを通そうとして失敗し、資金を援助してくれる人を探していた。彼の計画はまっとうなものだった。大西洋をそのまま横断させることは技術的にも財政的にも論外なことだったが、ニューヨークからセントジョンズを通ってニューファンドランドの東の端に到達させることは次善策としては考えられるものだった。西に進む蒸気船がセントジョンズに停泊したら、そこからニューヨークに向けてメッセージを電信で送れば、ヨーロッパからのメッセージの到達時間を数日間短縮できる。

しかしこのギズボーンの計画の問題点は、地上で最も寒くて過酷な環境下に線を張ろうとするところだった。そしてその地域の４人のガイド役を頼んだが、２人は逃げ出して１

人は死亡するという事態になり、彼は最初の試みをわずか数マイル敷設した時点で放棄せざるを得なかった。そこで彼は1854年1月にフィールドに面会し、電信が投資に値するビジネスであることを説得しようとした。彼はうまくやったとみえ、フィールドの弟のヘンリーによれば、ギズボーンとの会談が終わった後でフィールドはすぐさま「自分の書斎に行って地球儀を回し始めた」。彼はすぐに、大西洋を横断するというもっと壮大な計画に熱中し始めた。ニューファンドランドはその計画の途中の1つに過ぎなかった。

フィールドはビジネス関係の事柄はこなせる自信があったが、技術的な問題が立ちはだかっていないかをはっきりさせたかった。彼はモールスに、ニューファンドランドからヨーロッパまでケーブルを引く実現性を問い合わせる手紙を書いた。そして同時期に、米国の水路学者のマシュー・フォンテーン・モーリーにも手紙を書いていた。モーリーは当時の何百もの船の測量記録《ログ》を集めた最も正確な海図を持っており、彼こそがケーブルのルートを理論的に指示してくれる人だった。驚いたことに、彼の海図によれば、ニューファンドランドとアイルランドの間の海底にかなり高い台地があることがわかり、モーリーはすでにそれが「電信用の海底ケーブルを危険なく保持してくれる」理想的なものであることに気づいていた。モールスは自分が予言していた大西洋横断電信網が実現するのを見たくて、この方式に援助をし、フィールドは間もなくギズボーンの古い会社を復興してニューファンドランドを渡るケーブルの構築に乗り出した。

2年半突貫工事をすることで、ニューヨークとセントジョンズの間が結ばれた。この頃にはフィールドはニューヨーク・ニューファンドランド・アンド・ロンドン・テレグラフ社を作り、次の段階としてロンドンに行って大西洋の向こう側でケーブルの宣伝をして資金集めを開始した。そこでフィールドがジョン・ブレットに会うと、彼は大いに参加したがった。モールスはその頃にロンドンにいて、重要な実験を行っていた。彼はロンドンからマンチェスターまで200マイルの間に10本の線を引き、それらを経由して信号を流すことに成功していた。つまり2000マイルを超える長さのケーブルを通した電信が可能だということで、フィールドやブレットがロンドンに設立した会社に出資したい投資家がたくさんいるということだった。

アトランティック・テレグラフ社が順当に立ち上がり、フィールドは英米両政府に彼の計画の支援を要請し、年間の補助金とケーブル敷設をするための船を提供してくれるなら、官用のメッセージは無料にすると説得した。会社は新たにエドワード・オレンジ・ワイルドマン・ホワイトハウス博士を電気技師として任命し、2500マイルのケーブル構築に着手した。すべては計画どおりに進められているように見えた。ホワイトハウスが完全に無能だったというのが玉にキズだったが。

世界一長い電信ケーブルのデザインが、ホワイトハウスのような素人に任されたという事実を見ると、それ以前の20年間にいかに電信の科学的な理解が進歩していなかったかがわかる。ホワイトハウスはもともと外科医で、電信については独学で学んだだけで、十分な知識は持っていなかった。ある分野では実地試験が理論的な理解にそのまま役に立つのだが、ホワイトハウスは何年も電信関係の装置をいじっていたものの、その両方が欠けていた。フィールドは技術的なことについては何も知らず、ホワイトハウスが理論に捉われないからいいと考え、彼の実験を信じた。そしてフィールドの興行するショーに外科医が採用されることになる。ホワイトハウスはそこで、ケーブルのほとんどの部分について間違ったデザインをした。

例えば彼は実験で、ケーブルでメッセージの伝送を行うには、巨大な誘導コイルを使った高電圧で、太いケーブルより細いものを使うべきだと結論づけた。ホワイトハウスは「線の太さをどんなに増やしても何も適切な効果は得られない」と主張した。ケーブルを支援する人々にとって不幸なことに、この両方の判断が間違いだった。またさらに悪いことに、フィールドが大西洋横断電信網が１８５７年末までに操業を始めると約束してしまい、おかげで彼は早急に事を進める必要があり、ケーブルの製造業者も急がされた。おかげで、その一部はホワイトハウスの不十分な仕様以下のものにしか仕上がっていなかった。

それにもかかわらず、そのケーブルは1857年7月には海に運ばれていった。その太さは0・5インチで、1マイルあたりの重さは1トンだった。2500トンものケーブルを運べる船はなかったので、その半分を米国海軍のいちばん性能のいい蒸気フリゲート艦USSナイアガラ号が積み、あとの半分は英国のHMSアガメムノン号が積んだ。両船は2隻の護衛艦につき添われ、ケーブルの引揚げ地として最良と考えられていたアイルランドの南西にあるヴァレンシア湾に向かった。計画ではナイアガラ号が西に向かってケーブルを巻き出し、大西洋の真ん中でアガメムノン号の半分と接続して、後の半分の航海を続けることになっていた。しかし何日かして、350マイルを敷いた時点で、ケーブルがぷっつり切れて海に落ちてしまった。

フィールドは数カ月かけて、2回目の航海と足りなくなった分のケーブルを買うための資金を調達した。そして翌年の6月にまた両船は出航し、今回は大西洋の真ん中まで行き、そこでケーブルを結んで両方の船が逆方向に向かうことにした。こうすれば理論上は、ケーブルを敷く時間は半分にできる。非常に不愉快な嵐に遭いながらも船団は中間点に着き、両方の半分ずつのケーブルを結んで、逆方向に航海を始めた。ケーブルが2回ほど切れ、そのたびに2隻は落ち合う場所に戻って最初からやり直した。アガメムノン号は鯨とも遭

HMS アガメムノン号は1858年7月に初の大西洋横断ケーブルを敷設している際に鯨と遭遇した。鯨も船も無傷のままだった

遇した。3度目にケーブルが切れたとき、船は再度作業を行う前に、アイルランドに補給品を取りに戻った。4回目の試みで2050マイルのケーブルが敷かれ、アガメムノン号はニューファンドランドに、ナイアガラ号はヴァレンシア湾へと到着した。ケーブルは1858年8月5日に陸揚げされた。そして初めてヨーロッパと北米の電信網が結ばれることとなった。

それに続く祝賀会はほとんど狂乱状態だった。ボストンとニューヨークでは100発の祝砲が響き、公共の建物では国旗がはためき、教会の鐘が鳴った。花火やパレード、教会での特別な会も開かれた。ニューヨークでは松明を持った大騒ぎの群衆が興奮しすぎ、市庁舎に火が移って火事になったが、すんでのところで全焼を免れた。

「われわれの国全体が、アトランティック・テレグラフ社の敷設の成功に上気している」と『サイエンティフィック・アメリカン』誌は宣言している。ニューヨークの8月の新聞はこぞってこれをとりあげ、ある著者によると「アトランティック・テレグラフ社の栄誉を称えるのは民衆にほかならず、それはまるで国の祝日のようだった」。

フィールドのところには祝福が殺到し、彼はケーブル敷設を可能にするため手を貸してくれた人々に、まるでアカデミー賞授賞式の長ったらしいスピーチのような感謝の言葉を述べたが、その中では「称賛の雪崩」が起きたようだったと表現されている。ヴィクトリア女王がジェームズ・ブキャナン大統領と交わしたメッセージは、「より輝かしい勝利である。なぜならそれは人類にとって、戦場で勝ち取られたものよりさらに有用なものであるからだ」という、それにふさわしい英雄を称えるような調子だった。そして他にもとても悪趣味な詩も書かれた。

　やったぞ！　荒れ狂う海にも受け入れられ
　国同士はもう離れてはおらず
　両大陸に拍手が鳴り響き

お互いの心臓の拍動を感じあう
ケーブルよ、もっともっとスピードを上げ
すべての国が太陽の下で
同じ炉床を囲むきょうだいになるまで
地球を愛の帯で巻いておくれ

電信は伝道者が聖書と関連づけて説教するのには好都合で、「その呼び声《ライン》は全地に響き渡り、ことばは地の果てまで届いた」（詩篇19）や「汝は雷を放ちてそれに任せ、汝に我らここなりと知らしめるか？」（ヨブ記38）などがよく引き合いに出された。

ニューヨークの宝飾店ティファニーは残ったケーブルを買い取り、4インチずつに切って記念品として売り出した。余ったケーブルはそれ以外にも、記念の傘の持ち手や、杖、時計入れポケットなどに利用された。「大衆の歓喜を喩える言葉はどれも法外なものだった」とヘンリー・フィールドは兄の回顧録の中で述べている。

突然の電信への関心の高まりを利用して儲けようと、ケーブル敷設の工事や仕組みを解説した本が緊急出版された。「大西洋ケーブルの完成は、いままさに遂げられた無敵の勝利であり、近代稀に見る大衆の熱狂的な歓喜の原因となったものである」と、当時大急ぎでまとめられた大型本『テレグラフ物語』の中で、チャールズ・ブリッグスとオーガスタス・メイヴェリックは書いている。「電信ケーブルの敷設は、今世紀の最大の事件と見なされているが、これは正当な評価だ。いまやこの偉大な事業が完成し、全地球が電流の流れるベルトで結ばれることになり、人類の思想や感情を脈のように伝える。これこそ人類に不可能はないという証拠だ」。

ロンドンでは『タイムズ』紙がケーブル敷設を新世界発見と比べて「コロンブスの発見以来、人間の活動という局面でこれほど大きな拡張をもたらしたものはない」と報じた。もう1つの流布していた感情として、英国と米国の両国民を再統合し「大西洋が干上がって、われわれは現実に1つの国になりたがっている。大西洋ケーブルは1776年の独立宣言を半分元に戻し、われわれがどう思おうが再び1つの国民にしようとしている」とも報じている。電気式テレグラフの効果は「マスケット銃を燭台に」変えるものという標語も流行した。実際にブリッグスやメイヴェリックや多くの人が、グローバルな電信網の構築が世界平和をもたらすと期待していた。「地球上のすべての国が考え方を交換できるこうした手段が創造された以上、もう古い偏見や敵愾心は存在してはならない」。

大西洋横断ケーブルは奇跡的なものと見なされていたが、それが動いたのはまさに奇跡だった。ケーブルは非常に不安定で、最初のメッセージが成功裡に送られるまでに1週間以上かかったし、ヴィクトリア女王のメッセージをブキャナン大統領に送るのに16時間半もかかった。一般への公開開始は何度も延期され、ケーブルの両側では商用のメッセージが積み上がり始め、ビジネスの本当の状況は秘密にされていた。ケーブルの信頼性はどんどん落ちていき、敷設完了から1カ月も経たない9月1日にはついに動かなくなった。

大西洋ケーブルの失敗は大いなる失望はもとより、抗議行動にまで発展した。中にはもともとこれは詐欺話で、実際に動いているケーブルなどなく、フィールドが株式市場でひと山当てるために巧妙に仕組んだトリックだったと主張する者もいた。「大西洋ケーブルとはペテンか?」と『ボストン・クーリエ』紙は、ヴィクトリア女王からブキャナン大統領に宛てたメッセージが実は何週間も前に通常の郵便で送られたものではないかと示唆する記事を掲載した。懐疑的な人たちを黙らせるため、ケーブルが動かなくなる前に送られたメッセージの写しがすべて公開された。ほとんどのメッセージは「受信できていますか?」とか「これを読めたら返事をください」という、両側のオペレーターが必死にケーブルを使えるようにしようと努力しているたいへんな内容で説得力のあるものだった。次の年には、紅海を通ってインドまで海底ケーブルを通すという派手な事業が英国政府の資金で始まったが、これもまた失敗に終わった。今回は公的な資金が失われたため、世論は調査を行うよう求めた。

アトランティック・テレグラフ社の4人の代表とホイートストン教授を含む英国政府が選出した4人からなる合同委員会が結成された。この委員会は何ヵ月かにわたって、長距離海底電信の底に潜む問題を掘り起こそうと、専門家や非専門家を呼んで証言を集めた。注目を浴びた証人は、誰よりもきちんとした科学的な基礎に基づいて海底電信を研究してきた、グラスゴー大学の自然科学教授のウィリアム・トムソンや、その頃には大西洋ケーブルの第一人者になっていたホワイトハウス博士だった。

ホワイトハウスは都合のいいことに、失敗したケーブル敷設の際には病気になって海には出られず、そのデザインにかなり疑問を持っていたトムソンが快く代役を引き受けた。彼はすでに海底ケーブルの性質に関して多くの理論的研究をしており、彼の整然とした科学的な裏づけのある証拠が委員会で提出されると、ホワイトハウスは完全に立場を失った。トムソンの説明によると、ホワイトハウスは中心の導線を細くしてしまったばかりか高電圧の誘導コイルを使ったため、ケーブルの絶縁性能を劣化させて結局は壊してしまったことになる。

その上、ホワイトハウスは上司の意見に従わず、自分の実験をしたいというだけの興味本位でケーブルを扱っていた。そして彼が特許を持っている自動受信機より、最新の高感度な受信装置であるミラー・ガルヴァノメーターのほうが大西洋横断電信網に合っていることが判明すると、嫌々ながらそれを使ったが、ホワイトハウスは自分の装置でもメッセージは受信できたと主張し続けた。ミラー・ガルヴァノメーターの発明者であるトムソン教授はそれを聞いてうんざりした。

ホワイトハウスの行動に憤慨したアトランティック・テレグラフ社の役員たちは、ついには彼を切った。彼は自分の評判を守ろうと、直ちに『大西洋電信網』という本を書いて反撃した。これは稀に見る偏った大西洋ケーブルに関する評価だった。自分と欠陥だらけの理論を擁護するため、ホワイトハウスは周辺の人すべてを敵に回した。自分を無知蒙昧に立ち向かう科学者として、ケーブルの製造業者、敷設を担当した船の乗務員などを非難し、特にサイラス・フィールドとアトランティック・テレグラフ社の職員たちを、自分が必要だと勧めたテストをやらせてくれなかったと攻撃した。彼はトムソンの新しい電気理論を「フィクション」だと否定し、彼のミラー・ガルヴァノメーターは実用的でないとあざけった。ホワイトハウスは自分が誰よりも電信を理解しており、「改良型」のモールス符号さえ発明したと自信満々だった。そしてシャップやモールスが何年も前に放棄した、言葉に番号を振ったものを含む符号表を、新しく優れた考え方だと思っていた。

トムソンが委員会に提出した証拠とホワイトハウスへの公然たる非難が、『エンジニア』誌の投稿欄に掲載され、ホワイトハウスの評判はまるで高電圧の誘導コイルがケーブルを破壊したのと同じように崩壊していった。アトランティック・テレグラフ社に都合がいいことに、ケーブル製造業者に製造を急がせた責任を追及する手紙は、すべてホワイトハウスの家に殺到することになった。彼が去ると、会社はこのようなケーブルの失敗は二度としてはならないと論議を重ねた。一方でトムソンは、1864年にヨーロッパからインドまでペルシア湾を通って引かれたケーブルに、低電圧の信号と自分の高感度ミラー・ガルヴァノメーターを使って信号検知を行うことに成功し、海底電信の理論を理解していることを実証した。今度こそ海底電信の問題は解決したことがわかり、フィールドは新しい大西洋ケーブルを建設する資金を調達することができた。

新しいケーブルは以前のものよりもっと念を入れて作られた。トムソン教授の提案を受けてもっと太い導線を使い、弾力が増したので自重で切れる危険性が軽減されていた。しかしそれはかなり重いもので、それを運べるのはイザムバード・キングダム・ブルネルの設計した世界最大の船、グレート・イースタン号しかなかった。グレート・イースタン号は大きすぎて金のかかる船で、誰にも利益を生み出さないやっかいものの船だったが、ケーブル敷設には理想的で、1865年6月24日には3つの巻胴に巻いた新しいケーブルを積んでヴァレンシアに向けて出発した。

　1カ月後にアイルランドにケーブルの一端を敷設し、グレート・イースタン号は大西洋を西に進みながらケーブルを繰り出していった。ケーブルは常時テストされ、欠陥が見つかると船はケーブルを切って戻り、欠陥がある部分がわかるまで手繰り寄せられた。しかし8月2日に、大西洋の3分の2まで来たところで、ケーブルを切って調べているときに切れ端が海に落ちて波間から2マイルの海底に沈んでしまった。水底をさらういかりや間に合わせで作った鉄のワイヤーを使ってケーブルを引揚げようとする試みが何度か行われたが、毎回ケーブルは水面に上がる途中で切れてしまった。そしてついには、グレート・イースタン号はヨーロッパ方向に引き返すことになった。

　この失敗にもかかわらず、3回目のケーブルのための資金集めはそれほど難しくはなかった。アトランティック・テレグラフ社はいまではケーブル敷設のための多大な経験を積んでおり、今回は成功確実だと思えた。またさらに、きちんとした装置を備えたので、フィールドは2回目のケーブルも修理できることに自信を持っていた。次の年になって、まるで縁起のよくない7月13日の金曜日に、グレート・イースタン号は改良された繰り出し機構から再び新しいケーブルを引っ張りながらヴァレンシアに向かった。2週間にわたって平穏無事な航海を経て、ニューファンドランドに着いてケーブルが固定された。こうしてまた、ヨーロッパと北米はつながれた。

新しいケーブルにはたいへんな需要があり、驚いたことに営業開始日に1000ポンドを稼いだ。そして1カ月も経たないうちに、グレート・イースタン号が、前年に海底2マイルに沈んで失われたケーブルを見事発見し、それにさらにケーブルを継いで、大西洋にはじきに2本の電信回線が稼働することになった。そしてジョサイア・ラティマー・クラークという有名な技術者が、2本のケーブルの両端をつないで1つの回路を作り、小さな電池とトムソンのミラー・ガルヴァノメーターを検出機として使って、アイルランドからニューファンドランドに行って帰る信号の送信に成功し、ホワイトハウスの高電圧方式にとどめを刺した。電気式テレグラフがついに大西洋を制覇した。

今回はケーブルが悪ふざけだという話は1つも出なかった。トムソンには爵位が与えられ、議会はフィールドに全会一致で感謝の議決をして特別に鋳造された金メダルを贈った。ホイートストンとクックや、遅まきながら半世紀も前に独自の電気式テレグラフの企画を海軍省に拒否されたフランシス・ロナルズにも名誉が与えられた（トムソンはその後ケルヴィン卿となり、科学者が温度を測る単位として彼の名前が使われることにもなった）。

大西洋をまたぐ通信が恒常的なものになったことがはっきりすると、今回もまた大騒ぎになった。ニューヨークの商工会議所が１８６６年11月にフィールドを称える晩餐会を開いた際には、彼は「現代のコロンブス……彼はケーブルでニューヨークを旧世界のすぐそばに停泊させた」と紹介された。彼のライフワークである大西洋横断ケーブルは、「われわれの文明の最もすばらしい偉業」と歓呼された。

ケーブルは非常に儲かり、フィールドは１８６７年までに借金をすべて返済することができた。この年には2本のうちの片方のケーブルが氷山にぶつかって不通になり、修理に数週間かかった。それから少しして、海底ケーブルの回収と修理は日常のありふれた作業になった。

またモールスのためにニューヨークのデルモニコ（レストラン）で１８６８年12月に開かれた晩餐会では、彼のための乾杯の挨拶は「情報を伝送する時間と空間を両方とも無にした。波打つ大西洋の幅はないに等しい」というものだった。

１８５８年の横断ケーブル完成時の感情を反映して、英国のエドワード・ソーントン大使は乾杯の挨拶で、電信が平和の役に立つことを強調して、「世界のすべての国や国民が常にきちんと交わることほど、平和に寄与するものはないのではないか」と問いかけ、「蒸気機関は科学によって最初に与えられたオリーブの小枝のようなものだ。そしてすぐにもっと強力なオリーブの小枝がやってきた。このすばらしい電気式テレグラフは、線の通っているところならどこでも友人と即時にコミュニケーションを可能にしてくれる」と述べた。他の乾杯の挨拶では「電信回線は国際的な生活の神経であり、出来事の知識を送り、誤解の原因を取り除き、平和と協調を世界に広める」とされた。

この電信の力の驚異には限界はなかったのか？　実際にはあった。大洋を越えて電信の影響力が強まり始めると、ネットワークのある部分は大混雑となり、その存在価値であるメッセージを即時に伝えるという機能がおろそかになった。通信量が増えるに従って、電信は自らの成功の犠牲になる危険にさらされていたのだ。

第6章 蒸気仕掛けのメッセージ

電信の需要は一定して増え続け、世界のすべての文明国に広がり、そしてそれを使うことで、社会の福祉のために不可欠な存在となった。
——１８７２年４月３日の『ニューヨーク・タイムズ』紙より

迅速にコミュニケーションできることはすばらしい。だが電子メールを使った人は誰でも、メッセージを非常に早く送れることに慣れてしまうと遅れに耐えられなくなると証言する。現在の電子メールでもときに消えたり誤って配信されたりすることがあるのと同じで、１８５０年代の電信も通信量が急激に増えることによって渋滞し、大都市の中心的なネットワークには負荷がかかりすぎることになった。

その原因は、多くの電信のメッセージが送り手と受け手の最寄りの局間でダイレクトに送られずに複数の中継局を経由していたために、各中継局で一度文字に直してからまた送信し直していたことにある。忙しいときには局で扱える以上の速さでメッセージがやってきて、即時に再送信されず、紙片に書き写されたメッセージが文字どおり山積みになっていた。

ロンドン地区のネットワークは実際に非常に混み合っていて、すぐにビジネス関係者の間ではメッセージの遅れに対する苦情が日常化していた。1863年の『パンチ』誌に掲載されたマンガでは、2人の紳士が電信システムの情けない状況を話題に、1人が「なんという時代になってしまったことか。もう6時だが、われわれのいるフリート街に来たメッセージは、昨日の午後3時にオックスフォード・サーカスから送られたものだよ」（フリート街はオックスフォード・サーカスから徒歩30分以内の場所にある）と嘆いている。こういう話が出てくると、電信の伝説的な速度と効率に関する一般の信頼を損ねることになる。

ある電信会社は配達員を増強して、混み合っている経路にある局から次の局までメッセージの束を運ばせた。多くの場合にその距離は数百ヤードだった。かなりの量を束にして運べば電信を使うより速かったが、これではとても一般人が新しいテクノロジーに信頼を寄せる気にはなれない。それどころか、称賛されてはいるものの、電信システムはただの非常に高価な郵便サービスという逆の印象を与えてしまうことになる。それに、混み合っているメッセージの量は劇的に変動するため、ただ単に回線やオペレーターの数を増やすというのでは現実的ではなく、暇なときにはほとんど扱うメッセージがなく、高給取りのオペレーターは何もすることがなくなる。突然に通信量が増加することになるこうした支局では、大量のメッセージを送信できる安価で効率的な方法を見つけなくてはならなくなった。何か新しい手段が求められた。それもすぐに。

ロンドンでは1850年代の初期からこうした輻輳《ふくそう》の問題が起きており、メッセージの半分は証券取引所の関係で、3分の1はビジネス関係、「家族関係」は7通に1通の割合だった。つまり電信の主な利用は、証券取引所と各地の間でやり取りされる、時間が勝負のメッセージだった。結果的に証券取引所と220ヤード離れた電信中央局との間のメッセージ量は、他のどの地域のメッセージの総量をも上回っており、これらのメッセージの価値はいかに迅速に配達されるかにかかっていた。

エレクトリック・テレグラフ社の技術者ジョサイア・ラティマー・クラーク（後にホワイトハウスの大西洋横断電信網の理論を反証する実験を行うことになる）は、この問題に手を上げて挑み革新的な解決法を思いついた。彼が提案したのは、証券取引所と中央局の間の短い距離を、蒸気の力で電報の記入表を送る気送管だった。メッセージの送信にこの管を用いれば、この間の回線は受信に専念でき、通信量は劇的に軽減されることになる。

クラークが最初にテストを行ったのは1853年で、1854年には2つの電信局間の地下に1・5インチの太さの空気管が渡された。円筒状の運搬器は万能のグッタペルカで作られており、電報用紙に書かれたメッセージを5枚運ぶことができた。運搬器は先頭に緩衝材としてフェルトがつけられており、管内を毎秒20フィートの速度で進むので摩擦熱でかなり熱くなるため、グッタペルカが溶けないよう保護するための皮で覆われていた。電信中央局の地下に設置された6馬力の蒸気機関が運搬器の前方に局所的な真空を作り出し、証券取引所から気送管を通して約30秒で運搬器を吸い寄せた。運搬器の中身が満杯になっていなかったとしても、このシステムは毎分1通しか送れない電信を使うよりもずっと速かった。運搬器が中央局に届くと、用紙が出されて通常の電報を送るように宛先に向けてメッセージが送信された。膨大な量のメッセージのほとんどが証券取引所側から発信されるため、最初の気送管は片方向のみの利用だった。空になった運搬器はまとめて配達員が証券取引所まで戻していた。

最初の気送管はとても完全なものとは言えず、管の中で運搬器がよく詰まったが、会社はその利点を確信して1858年には2本目の地下管を敷設した。この改良型では管の口径は2・25インチと拡大され、ミンシング街にある他の支局と中央局間のほぼ1マイルを結んで、もっと強力な20馬力の蒸気機関で駆動された。この試みが大成功したので、しばらくして会社はこの気送管を双方向で利用することにした。

両端に蒸気機関をつけなくても済むように、ミンシング街の建物の地下に鉛で覆われた10×12×14フィートの大きさの箱に入った気密状態の「真空貯蔵器」が設置された。しかしある日、運搬器が管内で詰まってしまって貯蔵器の圧力が下がり、ついには大音響とともに内部爆発を起こして、装置と隣りの家の間の壁が壊れるという事件が起こった。当時の報告書によると、「その時間に隣家の家主は夕食中で、急に人もテーブルも夕食も、蝶番が外れたドアもが、他の瓦礫と一緒に床に投げ出された状態になった」とされる。この事故を受けて、運搬器は局所的な真空で吸い出す方式ではなく、管内に圧縮した空気を入れて押して運ぶ方式に変えられた。

1865年には通信量が増えることによって、エレクトリック・テレグラフ社はロンドンの気送管のネットワークを強化するとともに、このシステムをリヴァプール、バーミンガム、マンチェスターにも設置することにした。同様のシステムは1865年にはベルリン、1866年にはパリにでき、間もなくしてウィーン、プラハ、ミュンヘン、リオデジャネイロ、ダブリン、ローマ、ナポリ、ミラノやマルセイユにも作られた。こうした中で最も野心的なシステムが、ニューヨークのマンハッタンやブルックリンにある多くの郵便局を結ぶために設置された。このシステムは大きなサイズの管だったので、郵便局間を小さな小包や、ときにはネコまで運んだ。

1870年までには、直径3インチの管で60通を送れるものが標準になったが、通常はもっと少ない数しか送られなかった。ロンドンで調査された統計データによると、3インチの管は電信回線7本と14人のオペレーターに相当するという。管は突然の需要の増加にも対応でき、1870年7月の戦争景気で通信量が急に2倍になったときなどは有効だった。

しかし気送管のネットワークではいつも管の詰まりが問題になった。通常は管に空気をひと吹きすれば直ったが、たいへんな場合は道路を掘り返す事態にまでなった。パリでは詰まった場所までの距離を求めるのに、管の中にピストルを撃って運搬器に弾が当たった音が返ってくるまでの時間を測って計算していた。一方空気漏れは発見が難しく、運搬器に長い糸をつけて送り出し、糸の手繰り出し速度がゆるむ地点で当《アタリ》をつけた。

もともと気送管のシステムは電信局から他局にメッセージを移動させるためのものだったが、次第に主要な局内のメッセージ移動にも使われるようになった。それらの局は、何百人もの人々がただメッセージを受けてどこに送るかを考え、それに従って仕分けするだけのために働く場所で、綾取り紐のように交差した電信回線やたくさんの気送管で囲まれた蜂の巣箱のような、いわば巨大な情報処理センターだった。

主要な電信局のオフィスの中は、情報が効率よく流れるように注意深く部署が配置されていた。同一市内の電信回線や気送管は建物の同じ階にまとめてあり、遠い都市との間でメッセージのやり取りをする回線はまた別の階に、といった具合になっているのが典型的な配置だった。回線をこのような形でまとめてあれば、ある経路が特に忙しくなっても、機器やオペレーターの追加が簡単にできる。国際接続もあれば、またそれがまとめられた。

回線や気送管経由で来たメッセージは各階の仕分けテーブルに集められ、どこに転送されるかに従って局内用の気送管で再送信する部署に送られた。例えばロンドンの電信中央局では、１８７５年には３つの階に４５０の電信機器が置かれ、局内の気送管は68本あった。ブロードウェイ１９５番地にあったニューヨークの中央局でも、各階を気送管が結んでいたが、それぞれの操作室内でメッセージを運ぶ「チェックガール」も雇っていた。主要な電信局ではまた、プレスルーム、医務室、運営管理作業室、男女別の食堂、地下室には電信機器に電源を供給するためのたくさんの電池、気送管を駆動するための蒸気機関などが備えられていた。オペレーターはシフト勤務で働き、全システムが途切れることなく動けるようになっていた。

例えば、ロンドンのクラーケンウェルからバーミンガムまでメッセージを送るとしよう。

クラークンウェルの局にそれが手渡されると、中央局まで気送管で送られ、そしてロンドン内の住所間でのやり取りを扱う「市内」の階に到着する。仕分けのテーブルではそれが他市に再送信されるべきメッセージとして特定され、局内の気送管で「地方向け」の階に送られて、そこから市外電報でバーミンガムに送信される。バーミンガムでメッセージが受信されて文字に翻訳されれば、それが気送管で受信者の最寄り局まで送られ、それから配達員によって届けられる。

最初のテレグラフを作った先駆者であるフランス人は、気送管についても独自の使い方をした。世界中で建設されたこうしたネットワークで最も成功したのはパリで、プヌー(pneus)と呼ばれ、これを送ったり受けたりすることが19世紀末には日常化していた。他の大都市同様、パリのネットワークは十分な広がりを持ち、地元の多くのメッセージは送り手から受け手に電信を介さずに、すべて気送管と配達人だけで届けることができた。こうした場合、送り手の書いたメッセージがそのまま受け手に渡されるので、メッセージが長くても配達は短い場合と同じ手間しかかからなかった。

そこで1879年には新しい価格設定がなされ、パリ市内を気送管経由で送られるメッセージは、長さに関係ない固定料金となった。郵便より早く、電報で送るより安いため、このネットワークは市内でメッセージを送りあう手頃な方法となったが、このサービスを運用しているのは国営の電信会社だったため、メッセージは公式には電報と見なされた。

メッセージは特別の書式に書かれ、これを購入する前払い制となっていた。書いたものは通常の郵便受けの隣りにある小さな郵便受けに入れるか、郵便局の電報の窓口で手渡すか、市内電車の後ろにつけられた箱に入れれば終着駅でそれを送り出してくれた。メッセージは管を通って宛先の最寄りの郵便局まで送られて配達人によって届けられた。それぞれのメッセージは、宛先に着くまでに複数の仕分け局を通過する場合があり、各所で日時のスタンプが押されるので、どういう経路を通ったかがわかるようになっていた（これは今日の電子メールのシステムでも同じで、ヘッダーを見るとインターネットのどういう経路を通ったかがわかる）。メッセージには何も同封することは許されず、この規則に違反すると通常の郵便と見なされて所定の郵便料金を取られた。

この方式は大成功し、メッセージの量は初年度で2倍に増えた。その結果、ネットワークは拡張され、メッセージは長年にわたって、書式が青い紙だったので「プチ・ブルー（petits bleux）」という愛称で呼ばれた。

1870年代初めまでにヴィクトリア朝のインターネットの形ができてきた。電信網と、海底ケーブルや気送管のシステムのパッチワークによって、メッセージは地球の広い地域にわたって数時間以内に送れるようになった。新しいケーブルが世界各地に引かれた。マルタとアレクサンドリアが１８６８年に結ばれ、１８６９年にはフランスからニューファンドランドまで直通ケーブルが引かれた。また１８７０年にはインド、香港、中国、日本まで、１８７１年にはオーストラリア、１８７４年には南米まで届いた。

１８４４年にモールスがネットワークを建設し始めた頃には、数十マイルの線が引かれてはいたが、ロンドンとムンバイ（当時はボンベイ）の間でメッセージを往復させるには10週間もかかった。それから30年経たないうちに、回線は65万マイルとなり、海底ケーブルは3万マイルに達し、2万の都市がオンライン化して、ロンドンとボンベイの間でメッセージを行き来させるのに4分もかからなくなった。「時間自体が電信で送られ存在しなくなった」と宣言したロンドンの『デイリー・テレグラフ』紙は、その紙名を電信の持つ、迅速で最新のニュースを届けるというイメージから取っている。世界はこれまでになく小さくなり速く回るようになった。

モールスが最初にワシントンとボルチモア間に引いた電信回線は、開始当初はほとんど儲からなかったが、ネットワークに重要なものが乗ってくるとどんどん有用性を増していった。１８６０年代後半までには、電信産業、特に海底ケーブルは大ブームになり、どの

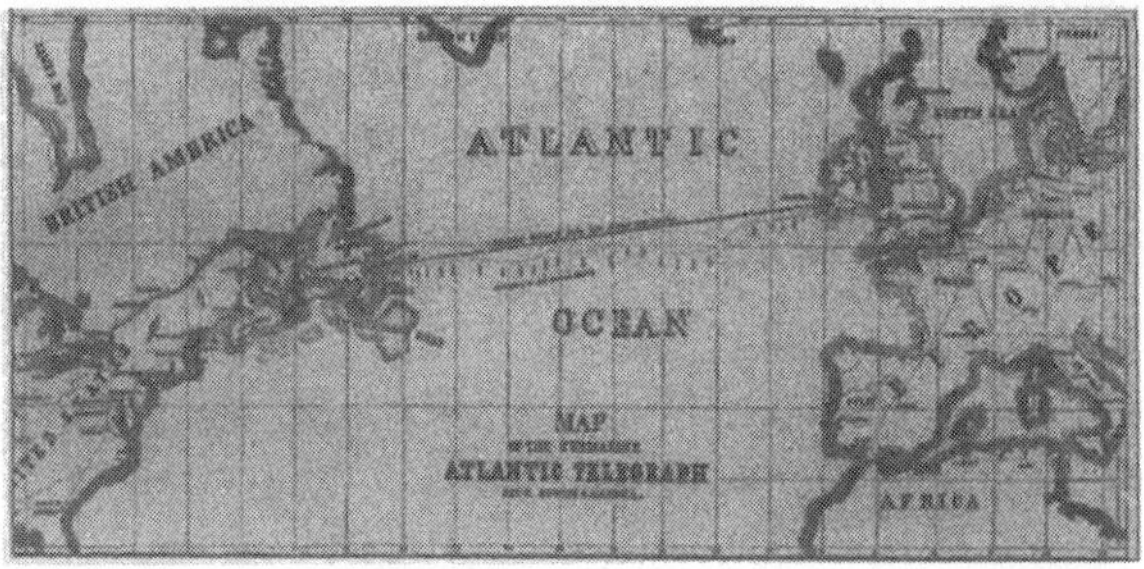

投資家も一口乗りたがった。「企業が最も興味をもつ市場は電信の海底ケーブル建設であることに異論の余地はないだろう」とロンドンの『タイムズ』紙は１８６９年に報じている。１８８０年には海底ケーブルは10万マイルに達していた。

海底ケーブルによる電信が進歩することで、大英帝国はその植民地まで、経由する国の善意に頼らなくても直接ケーブルを引くことができるようになり、この「帝国内電信網」が、ロンドンにコントロールを集中し、帝国内の通信を外から詮索されないよう守る手段であると考えられるようになった。その結果、独立した英国のネットワークが世界中の要所で国際電信網と相互接続される形になった。

ネットワークがもっと多くの国々を結ぶようになると、大西洋ケーブル完成時に表現された平和的な感情が、人類全体に拡張されていった。電信は世界平和のための道具としてさらに歓待されるようになった。

「これが世界を1つにする。これが切り離された半球をつなぎ合わせる。遠方の国々を一緒にし、彼らに1つの大きな家族の一員であるという気持ちを起こさせる。海底ケーブルは大西洋の凍てつくような海底に冷たく死んだまま横たわっている鉄の鎖ではない。それは生きていて、切り離された人間家族の血肉の通った結びつきであり、そこを愛と優しさに溢れた信号が永遠に行き来する。この強い絆は人類を1つに結びつけ、平和と協調をもたらす……波間から生まれ出た海の妖精は、生まれながらの平和の使者となるように思える」とサイラス・フィールドの弟ヘンリーは書いている。

また他の詩的な言葉で平和を実現する電信の力を擁護しようとする声は「違った国々や人種それぞれが自然に並立する。彼らはお互いをもっとよく知るようになる。お互いが働きかけ反応する。同じいたわりの念で感動し同じ興味に揺り動かされる。つまりこの電気の火花は人類の心を燃え上がらせる真のプロメテウスの火なのだ。人類はみなきょうだいであることを学び、義務ではなく自らの興味を持って地球全体の善意や平和を啓発していく」と述べる。

しかし地球規模の電信網が持つ社会的な影響は、そう簡単には明らかにはならなかった。よりよいコミュニケーションが必ずしも論点の理解を広げるとは限らず、新しいテクノロジーが物事をよい方向に導く可能性はいつでも大げさに語られすぎ、一方それが物事を悪い方向に向かわせるということは、たいてい予見できないものなのだ。

第7章 暗号、ハッカー、いかさま

簡単に学べて読め、それを使えばメッセージの意図や目的が受け手にしかわからないように「封印できる」簡素で安全な暗号を導入すべきだ。

――1853年の『クオータリー・レヴュー』誌より

人々が発明というものを始めて以来、他方ではそれを犯罪に使おうとする人々がいた。「犯罪者ほど、最新の科学の成果を、すぐさま利用しようとする者はいない。これはよく知られた事実だ。教育のある犯罪者は、どんな発明でも利用できるところがあれば都合のいいとこだけを持っていく」とシカゴ警察のジョン・ボンフィールド警視は1888年に『シカゴ・ヘラルド』紙に強い口調で書いている。電信とて例外ではない。それは不心得者に、新たな詐欺や窃盗やペテンのチャンスを与える。

最初の光学式テレグラフが使われていた頃、シャップはこのネットワークを株式市場の情報を送るのに使うことを提案していたが、ナポレオンに拒否された。ところが1830年代には、テレグラフは実際にはまさにこの情報を送るために使われることになり、すぐに乱用されるようになった。フランソワとジョセフ・ブランの2人の銀行家が、パリとボルドー間のトゥールに近い局のオペレーターを買収して、その日のパリの市場の株価が上がったのか下がったのかの情報を伝えるために、故意に他人にわからないような誤りを加えた。離れたところからテレグラフの腕木を見ると、知らない人にはたまたま誤りが生じたようにしか見えないが、ブラン兄弟はオペレーターとつるんでいることを知られることなく、事前に株式市場の情報を得ることができた。この仕掛けは1836年に発覚するまで2年間使われていた。

距離を超えるテレグラフの力を使って、ある場所ではよく知られている情報を、別の場所である個人が独占的に押さえることで経済的な利益が得られる、情報の不均衡を悪用するいくつもの技が編み出された。古典的な例としては競馬の情報がある。レースの結果は競技場で発表されればすぐわかるが、テレグラフの発明前には、国内の別の場所にいる賭け屋にその情報が伝わるのに数時間、場合によっては数日かかった。レース結果の情報を賭け屋に伝わる前に知っていれば、確実に勝ち馬に賭けることができる。そこで直ちに、こうした情報を電報で送ることを禁止する規則が制定された。しかし新しいテクノロジーを規制しようとするといつでも、犯罪者は規制を作る側より一歩先んじるものだ。

1840年代にあった話だが、年間恒例のダービー競馬の日に、ある男がロンドンのショアディッチ駅の電報窓口にやって来て、手かばんとショールを忘れたが、それを預かっている友人がある駅で待っていると言ってきた。その駅はちょうどダービーの競技場にいちばん近かった。彼が友人宛てにまるで悪意のない調子で、「次の列車でかばんとショールをロンドンまで届けてくれ」というメッセージを送ると、「あなたのかばんとタータンチェックのショールは次の列車まで預かります」という返事が返ってきた。この明らかに害のなさそうな「タータンチェック」という言葉は実は勝ち馬の色で、それを使ってその男は勝ち馬に賭けて大儲けした。

他にもこうしたずるい行為を試みた例があるが、それほどうまくはいかなかった。ある男が、ドンカスターで大きな競馬があった日のちょうどレースが終わった時間にまたショアディッチ駅の電報窓口にやって来た。彼はドンカスターから来る列車に大事な小包が乗っており、友人がそれを一等車のある座席に積んでくれていると言った。そしてその友人に何号車かを教えてもらいたいので電報を打ちたいと頼んだ。しかし職員は彼のたくらみを見抜いた。その鉄道の列車は、その日の競走馬とは違って、番号など振られていなかったのだ。『テレグラフ余話』によれば、その男を問いただすと、「歯をむき出して、怯えた青ざめた笑いを浮かべて」走り去ったという。

この2つの話は、実際に非常に凝った暗号を用いたものだが、電報開始の初期から、暗号の利用は政府と電信会社の職員以外には許されていなかった。

例えばエレクトリック・テレグラフ社は、ロンドンからエジンバラに株価を「秘儀的な方法を使って」送っていたとされるが、それは言うなれば暗号だ。会社の職員は特別な暗号表を使ってロンドンの株価を暗号化して送ってエジンバラで復号し、応接室の黒板に掲示して、銀行家や商人、取引人などに有料で提供していた。1840年代の初期にまだ電信が一般化する前には、電信会社が情報の不均衡を利用して、数百マイル離れた場所の情報を送って、ロンドンでは誰でも知っている情報をスコットランドで価値のある商品として売るという商売は、関係者にとっていい話だった。

当然のことながら、あるずるがしこい仲買人は私利私欲のために、こうした情報を金を払わずに手に入れようとした。彼は2人の電信会社の職員をパブに招いて、株価のいい情報を教えてもらえれば儲けの一部を渡すと持ちかけた。しかし彼はその協定を守らなかったので、職員たちは反旗を翻して当局に訴えた。

この古典的な例からもわかるように、どんなに暗号が安全だったとしても、その流れの中では人間がいちばんの弱点となる。そうだとしても、電信では破られない暗号を夢見た試みが常に続けられていた。

符号や符牒を使って暗号作りをすることは、ヴィクトリア朝時代の紳士にかなり広まった趣味だった。ホイートストンや、彼の友人で機械式コンピュータを作ろうとして果たせなかったことで有名なチャールズ・バベッジは、こうしたいろいろな暗号破りをすることに血道をあげた、いわばヴィクトリア朝時代のハッカーだった。「暗号を破ることは私の考えでは、最も魅惑的な芸術だ。そして困ったことに、それに必要以上の多くの時間を費やしてしまっている」とバベッジは自叙伝に書いている。

彼とホイートストンは、家に届いても手紙や電報のように怪しまれないで済む新聞の告知広告を使って、若い恋人たちが暗号で連絡を取りあっている内容を解読するのを楽しんでいた。あるときホイートストンは、オックスフォードの学生とロンドンにいる恋人が使っている、文字の置き換え方式の暗号を解いた。その学生が相手の若い女性に一緒に逃げようと提案しているメッセージが載ったが、ホイートストンは同じ暗号を使って彼女にそれに反対するよう広告を出した。その若い女性は絶望したように「愛しいチャーリー。もう書かないで。私たちの暗号が見つかってしまったの！」と最後のメッセージを掲載した。またホイートストンは、200年前にチャールズ1世が数字だけで書いた7ページの手紙を解読した。彼はまた巧妙な暗号を考案したが、これは一般には彼の友人のライオン・プレイフェア男爵の名前を取ってプレイフェア暗号と呼ばれている。バベッジも独自の暗号をいくつか発明していた。

それに一般的に電信は送り手から受け手に届くまで、送信や再送信、文字転写の際に誰に見られているかわからないということから、不当にも手紙より信頼性が低いと見なされており、暗号を使いたがる人が多かった。実際の電信会社の職員は几帳面で正直な人が多かったが、それにもかかわらずプライヴァシーに関しては広く心配があるとされていた。「現在の電信を使って私的な通信を行う際に心配な、セキュリティー違反という大きな差し障りを予防するために手を打たなくてはならない」と1853年に英国の雑誌『クオータリー・レヴュー』は不満をもらしている。「というのも、どんな場合にも、ある人から他の人に向けた一言一句を半ダースもの人が知っていることになるからだ。(電信会社の)職員は秘密を守ることを宣誓はしているが、自分が書いたものが相手に届く前に他人に見られるということは耐えがたい。これは電信の重大な欠陥であり、何らかの手を打って改善すべきものだ」。そこで当然のように暗号が使われるようになる。

一方、どういう場合に暗号を使ってもいいかについて、いろいろな方式が入り乱れる全国規模のネットワークでは、規則を制定することがどんどん難しくなっていった。ほとんどのヨーロッパの国では暗号を使えるのは政府だけで、プロシアでは送られたメッセージの写しを電信会社が保管しておかなくてはならなかった。それに電信で使える言語を規制する規則もあり、認められた言語以外は暗号と見なされた。

多くの国が他国との相互接続条約を結ぶようになると、さまざまな規則間に起きる混乱が増大した。1864年にはフランス政府が、こうした規制上の混乱を収めるときが来たと判断した。ヨーロッパの主要国が国際間の電信の規制を決めるために、パリの会議に招かれた。20カ国の代表が集まり、1865年に万国電信連合（ITU）が生まれた。政府しか暗号を使えないという規則はすぐ廃止され、少なくとも一般人が合法的に暗号を使えるようになった。当然のことながら、人々はすぐさま使い出した。


米国では電信は政府というより一般企業が運営しており、暗号の利用を禁じる規則もなかったので、何の支障もなくすでに使われていた。実際に1845年には一般向けの電気式テレグラフ用暗号があったことが知られており、新しいテクノロジーを使って商売のための通信を秘密裡に行うための符号表が2種類出版されていた。

この年に、初期にモールスを支援していた議員で弁護士でもあるフランシス・O・J・スミスが『モールスの電磁式テレグラフで利用するための秘密通信の語彙集』という本を出版していた。また同じ頃にヘンリー・J・ロジャースが『モールスの電磁式テレグラフを使って秘密通信を行うためのテレグラフ用辞書』という本を出している。

両書が扱う暗号はともに単語に番号をつけただけのものだったが（たとえばスミスの表では5万の単語に番号が振られ、たとえばA1645は「alone（1人）」を指していた）、電信会社の職員は意味のある単語はいいが、無意味な数字や番号の羅列を送るのは慣れておらず、送信の途中によく数字はゴチャゴチャになってしまった。そこで暗号の考案者は、ある単語や文を意味する別の単語を使う方式に転換した。1854年にはニューヨークとニューオリンズ間でやり取りされた電報のうち、8本に1本は暗号を使っていた。緊急の悪い知らせを送るときに使われた暗号は典型的なものだが、1つのラテン語でさまざまな災難を表現した。COQUARUMは「婚約破棄」、CAMBITASは「鎖骨が外れる」、GNAPHALIOは「軽装服を補給されたし」などを意味した。

もちろんこうした暗号は誰でも暗号表を手に入れられるので秘密ではなかった（ある場合には手を加えることもできた）。しかし間もなくして、こうした秘密ではない符号を「商用」符号として使うことで料金を安くできるという利点が明らかになった。いくつかの単語を1語に置き換えることで、より安価に電報を送ることができるのだ。

経済性より安全性を重視する場合には、符号化や解読に時間がかかっても（単語単位ではなく各文字を置き換えていたため）見破られにくい暗号を使うことが好まれた。こうした暗号は利用者にとってはいい話だったが、電信会社にとっては都合の悪いものだった。暗号を使うと単語数が減るため売り上げが落ちるし、オペレーターにとっても日常の言葉ではないわけのわからない暗号を読んで送ることはたいへんな作業だった。

こうした意味不明な文を送ることでどんどん作業が難しくなることがITUでも問題になり、暗号に関しては、複雑な文を発音可能な単語で置き換える場合は、各単語が7音節以内の長さであれば、平文と同じ扱いとし、他方、暗号文（ここでは意味不明な単語を使うもの）は、5文字で1つの単語と見なすという新しい協定が規則に盛り込まれた。というのも電報で用いられるそうした単語の平均文字数は5文字以上だったからで、そこで暗号を使ったメッセージにも実際にもっと課金できることになった。

1870年代には海底ケーブルによる電信網が延びるに従って、遠い国に送る料金をどうにかしようとするための暗号の利用が活発になった。そうした中で最初に大量に売れたのは、ウィリアム・クラウゼン＝スーという海運業者がまとめたABCコードだった。これはよく使われる言い回しを1つの単語で表現した広汎な語彙集で、非常に高価だった国際電報を使う際には特に役立った（最初の大西洋横断電報の価格は、最低10語で当時の100ドルに相当する20ポンドだった。しかしケーブルでどんどん利益が上がるようになると、料金は半額に、さらに半額にと下がった。というのも料金を下げれば顧客の数が増えたからだ）。長距離ケーブルの利用は90%のメッセージがビジネス関係で、さらにその95%が暗号を使っていた。

暗号がここまで普及してくると、多くの会社が、さらに安全性を高めてその専門分野でしか使われない用語などを盛り込んだ、海外の取引相手と独自の専用暗号を開発し始めた。例えば花火を製造するデットウィラー&ストリート社が独自に開発した暗号では、「フェスティヴァル（FESTIVAL）」は「超大型かんしゃく玉3個入りケース」を意味した。インドでは農業省が特に天候や飢饉に特化した暗号を作っており、「封筒（ENVELOPE）」は「イナゴの大群が発生して穀物を食い荒らしている」という意味だった。漁業、鉱業、ソーセージ業者、銀行、鉄道や保険業でも特別の暗号表を作っており、それらは信じられないほど特殊な表現を何百ページにもわたって記載していた。

こうした商用の暗号を使うと、例えば「西部のコモン・アンド・フェア・ブランドの小麦粉の市場は低迷するも国内市場と輸出市場はそこそこ、（ミシガン州の）ジェネシーでは小麦が８０００ブッシェルあたり5・12ドルで取引され需要は活発で市場は堅調だが下げ基調で不振の傾向、コーンは４０００ブッシェルあたり1・10ドルで取引されるも海外のニュースで市場が不安定、67セントで２５００ブッシェルの売りがあったのみで特記事項なし」というメッセージは、「悪いことが、船尾から、来て、重く、鋭い、痛みが、のしかかり、障害を、承認（BAD CAME AFT KEEN DARK ACHE LAIN FAULT ADOPT）」という、たった9語に縮められた。

1875年になると商用の暗号が手に負えないものになってきた。ある暗号では「CHINESISKSLUTNINGSDON」などという気味の悪い単語が使われた。確かに音節は6つだが、21文字もあり、ほとんど発音不可能だ。電信会社はあまりに多くの人が規則を捻じ曲げていると感じていた。そこで1875年にはITUがこうしたものを取り締まろうと、文字数を最長15文字に制限した。その結果必然的に、新しい規則には従うものの「APOGUMNOSOMETHA」などという新しいいんちきな言葉が目立ちだした。

1885年にはさらに規則が厳しくなった。電報で用いられる暗号の単語の文字数は10に制限され、それはまたドイツ語、英語、スペイン語、フランス語、イタリア語、オランダ語、ポルトガル語、ラテン語のどれかの単語でなくてはならなくなった。その上、送信局はその言葉が自然の単語なのか問いただすことができるようになった。またまた、この新規則に対応して新しい暗号が作られた。電信会社が暗号を減らそうと手を打つと、毎回それは暗号の作成者のもっとずるがしこいやり方で反古にされた。

ここまで来ると、電信会社ばかりか利用者にも暗号の欠点が明らかになってきた。暗号の言葉にはあまりに多くの意味が込められており、送信時に1文字（もしくはドットやダッシュでも）間違っても、メッセージの意味が劇的に変わってしまう場合がある。

こうした典型的な例が1887年6月に、フィラデルフィアの羊毛業者フランク・J・プリムローズがカンザス州のウィリアム・B・トーランドに代理人として羊毛を買ってくれるよう依頼したときに起きた。この2人はどこにでもある一般的な暗号を使って、取引についての情報を何通か交換し合っていた。しかしプリムローズが自分で羊毛50万ポンド分を買い取った話をしたときにたいへんなことが起こった。「私が買った」という言葉は商売で使われる暗号で「BAY」となり、50万ポンドは「QUO」と翻訳されて「私は全種類を50万ポンド買った」は「BAY ALL KINDS QUO」となる。

このメッセージはトーランドに「BUY ALL KINDS QUO」と誤って伝送された。これは多分、モールスの符号では「U」（・・—）と「A」（・—）はドット1文字分の違いしかないためだったと思われる。その結果、トーランドは「全種類を50万ポンド買え」と指示されたと受け取り、羊毛を50万ポンド買い始めた。その頃には間違いが明らかになっていたが、市場はもう動いており、プリムローズは結局2万ドル損することになった。彼はこの致命的なメッセージを送った電信会社のウエスタン・ユニオン社を訴えたが結局は敗訴した。たった数セントしかかからない、メッセージの確認を行う付加サービスを使っていなかったからだった。この訴訟は長々とした法的争いを経て、最高裁は彼が送信のために払った1・5ドルの払い戻しを受ける権利だけを認める判決を下した。

こうした誤りを避けるため、ある産業に特有な用語は混乱を避けるために暗号にせず、それ以外の単語は互いが2文字以上違う新しい暗号が考案された。こうすれば、送信中に1文字があやしくなっても、それが違う意味の別の暗号と取られてしまう危険性はなくなる。誤りを正すために、特別の参照表も用意された。

しかし、10文字以下でそれぞれが2文字以上違う語彙の選択肢は非常に限られており、暗号の作成者はまた規則を曲げて必死になって綴りの間違った単語を作り出した。これは暗号に用いられる単語は、許された言語に実際に存在する言葉でなくてはならないという規則から言えば、法解釈的には許されないものだったが、暗号作成者は電信会社の職員が許されたすべての言語のすべての言葉など知らないと高をくくっていた。

1890年にはITUがこうした不正に気づき、これを解決するには、すべての公式に許された言葉を集めて、この中にない言葉に関しては暗号としての料金を取るしかないという決定を下した。1894年には許された8つの言語の中から、5文字から10文字までの単語25万6740語を収録した最初の語彙集が出された。しかしこれには、よく使われる言葉の多くが入っておらず、一般からは評判が悪かった。そこでITUはそれを廃棄して、またやり直すことに決めた。何百万もの単語を集める作業が開始されたが、こうした大規模な語彙集を何万部も発行したり、職員がいちいちメッセージの中の単語を丹念に調べたりすることは現実的でないということになり、計画は放棄された。ともかく、規則が変更されるや否や、その周りに新しい暗号が発案された。そして結局利用者は、自分たちが望むように、暗号を使ったメッセージを送れるようになった。

特に銀行では暗号の利用が重要だった。電信を使った金銭の移動は安全性に不安があったため、オンライン・ビジネスの開発は進まなかったが（「詐欺の心配が主な阻害要因だ」と1872年の『ジャーナル・オブ・ザ・テレグラフ』は宣言している）、銀行は金銭を安全に移動できるように独自の高度な暗号を使うようになった。しかし金銭の移動のための既存の方法は、金銭を送受する両者と電信オペレーターの高い信頼関係に依存しただけの安全性の低いものだった。より安全性が高いシステムが明らかに必要とされていた。急いで金銭が必要な人々が電信を使ってくれれば、新市場を立ち上げることができる。

1872年には（その頃には米国の主要な電信会社になっていた）ウエスタン・ユニオン社が、数百の都市を結んで100ドルまでの金額を安全に送れるシステムを作ることを決めた。このシステムは同社のネットワークを20の地域に分け、それぞれに監督を配置するというものだった。送信者から当該地域の監督宛てに入金された旨の電報が届くと、監督が受信者の局に向かって支払いを許可する電報を打った。そのメッセージは、番号を使った暗号表を使っていた。各電信局にはそうした何百もの単語が記載されたページが並ぶ暗号表が備えられていたが、単語と番号の対応は局によって異なっており、監督だけがそれぞれの局の暗号表を持っているという方式だった。

各暗号表には使用回数を示す数字がつけられ、資金移動の電報が送られるごとに、メッセージにその次の番号に対応する言葉が加えられた。暗号表のもう1つのページには、送られるドルの金額を表す暗号が書かれていた。そして監督と各局にいるオペレーターだけが知っているパスワードが、メッセージの最初か最後に記載された。このシステムの安全性は十分と考えられ、特別に15の大都市間では「ビジネスマンの緊急の必要に応じるため」6000ドルまでの金銭を送ることができた。

このサービスは非常に人気が出て、1877年には3万8669もの取引によって年間250万ドルが扱われた。「このサービスは不意の損失や緊急時の広い需要に応えるもので、現代文明において最も利便性のあるものである」と1878年にこの業界の年代記を書いたジェームズ・レイドは述べている。それにもかかわらず、電信の本質はなかなか理解されなかった。ある女性が電信局にやって来て、誰かに11・76ドルを送るように頼んだ後に、金額を12ドルに変更して、「小銭が伝送しているうちになくなってしまう可能性があるので」と言ったという。

しかし安全性を確保する対策を施したとしても、電報を悪用して稼ぐ方法はあった。最初にこれを利用して競馬で儲けようとする事件があってから40年経った1886年に、ロンドンのヘイマーケットにある電信交換局のオペレーターをマイヤーズという名前の英国人が買収して、競馬の情報の送信を遅らせて自分が勝ち馬に賭けて儲けようとした。彼は逮捕されたが、法廷で電報の関連法を調べたところ、電信の機器を破壊することを禁止した条項しかなく、それについては彼は無罪だった。郵便を遅配させることは罪になったが、電報の場合には規定がなかった。その後に法律は、電報を変更したり遅らせたり内容を公表したりすることは罪になるよう改正された。マイヤーズはその後、阿片チンキを大量に摂取して自殺してしまったため、審理は行われずじまいだった。しかしこの事件は、またしてもテクノロジーの進歩が法律を出し抜いた好例となった。

電信の盗聴は、国家が安全保障上などの理由で行う場合は容認されてきた。その結果、外交官やスパイは敵国の政府からメッセージを覗かれないように日常的に暗号で防御したが、その効果はそこそこだった。多分、こうした傍受の例で最も悪名高いのがパニザルディの電報で、その結果、パリの戦時内閣でアルフレッド・ドレフュス大尉に不幸な結果がもたらされ、それはドレフュス事件として知られるようになった。

1894年10月15日に陸軍参謀本部のドレフュス大尉は、会議に招集されて口述筆記をするよう言われた。彼が何語かを書くと、その筆跡が最近発見された戦時内閣の裏切り者がドイツに情報を流していた文書のものと比較された。彼の筆跡が似ているというだけで、ドレフュスはその有罪文書の作者であるとされ、その場で大逆罪で逮捕された。

2週間経って『ラ・リーブル・パロール』紙が、ドレフュスがドイツかイタリアに雇われてスパイを働いていた罪で逮捕されたというニュースを暴いた。その結果起きた大衆の騒動で、フランスの社会はドレフュス派（ドレフュスは濡れ衣を着せられたと信じる、広くは自由派）と反ドレフュス派（彼が有罪だと考える軍事推進の保守派）の2つに分断された。ドレフュスがユダヤ人だったため、反ドレフュス派は反ユダヤ主義者として非難され、それによって引き起こされた反ユダヤ人感情による政治の2極化が国を分断した。

緊張が高まり、イタリアの軍の大使随行員だったアレッサンドロ・パニザルディ大佐がローマの上司に、彼の知る限りではドレフュスは自分たちのためにスパイ活動はしておらず、ローマのもっと上層部に直接報告している可能性はありうるという電報を送った。新聞で臆測が過熱する中、パニザルディはローマの上司に、ドレフュスが本当にスパイの1人でないなら公式見解を発表すべきだと詰め寄った。パニザルディはこのためにローマに暗号電報を送ったのだが、これがそれまで送られた電報の中で最も悪名高いものになってしまった。

このメッセージは商用の数字式の暗号を使っており、いくつかに分けられた数字のグループが、それぞれ違った音節や文字、一般的な単語に対応していた。そしてすべての外交文書電報と同じくフランスの郵便電報省に傍受され、その写しがビューロー・ドゥ・シフル（外務省の暗号局）に解読のために送られた（この点でもフランスは先んじており、当時、公式に軍で暗号解析を行っている唯一の国だった）。

暗号解析家はすぐに数字のグループの種類を把握した。それは数カ月前にイタリアの暗号作成家パオロ・バラヴェリが出版した商用暗号だった。この暗号では1桁の数字で母音や句読点、2桁の数字で子音や一般的な動詞、3桁の数字では一般的な音節、4桁の数字でキーワードを表現していた。こういう仕組みであったため、バラヴェリの暗号であることはすぐにわかった。

実際のところ暗号解析家はすでにこの年の早くから、イタリア国王の甥であるトリノの伯爵とパリ在住の伝説的なイタリア人美女グラジオーロ公爵夫人との間で交わされた膨大な電報から、バラヴェリの暗号を知っていた。陸軍情報部のトップがこれをスパイが上司と通信している証拠だと考え、そのメッセージを解読するよう命令した。しかしそれはすべて数字で書かれた文面で、誰も皆目見当がつかなかった。ついにはフランスのスパイが公爵夫人の部屋に忍び込み、小さなよい香りのするバラヴェリ暗号の本を発見した。そのメッセージはすぐに解読され、それらの内容は、ある官僚が書いているように、「単なる基本的で自然な感情」を表現しているただの恋人同士のやり取りに過ぎず、スパイのものではないことがわかった。かくしてバラヴェリの暗号が暗号局に知られることになった。

しかし他の多くの商用暗号と同じく、バラヴェリ暗号も他の誰かに渡った写しが簡単に解読されないように、手を加えることができた。各ページには00から99までの100の言葉が並べられていた。それらは各々表記されたページ数と組み合わされ、4桁の数字としてグループ化されていた。しかし各ページには余白があり、そこに別のページ数をつけることができた。2つのバラヴェリの暗号本のページを同じように変更すれば、100ページほどの本のページ数を変更する組み合わせは天文学的な数になり、2人の間でかなり安全度の高い通信が可能になる。その上、あるページには空白があり、そこに適当な言葉を追加することもできたので、どんな人がメッセージを傍受したとしても意味の不明な単語が含まれることになる。

暗号解読者がパニザルディの電報を読もうとしたがちんぷんかんぷんで、彼は安全性を高めるために自分自身のページ数を割り当てていることは明らかだった。しかしメッセージの中の1語、「ドレフュス」だけは知られていたので、これを使ってページの変更を推察するのはそれほど難しくはなく、そしてついに部分的に「もしドレフュス大尉があなたと関係ないなら、大使はそのことを公式に否定したほうがよかろう」というメッセージが解読された。この文の最後の部分の意味だけが不確かだったが、暗号解読者はとりあえず「われわれの密偵が危ない状況だ」と解釈した。

この不確かなメッセージは、どうにかしてドレフュスを有罪にする証拠が欲しいと思っている反ドレフュス派のフランス高官に渡された。そこで暗号解読者は数日して、メッセージの最後の部分は実際には「新聞に報道されることを避けるため」という意味だと解釈したが、彼らの上司は納得しなかった。どの解釈が正しいかを決めるには、内容が正確にわかっている文をパニザルディに同じ暗号で送ってもらうしかない。二重スパイが偽の一片の情報をパニザルディに送り、彼がそれを暗号化してローマの上司に送り、その写しが暗号局へ返された。それを解読してみると、2番目の解釈が正しいとわかり、ドレフュスは無罪であることが判明した。

しかしそれにもかかわらず、陸軍では間違った人間を逮捕したことを認める気がなく、そこでドレフュスの裁判では最初の誇張された欠陥のある解釈のほうが提出された（暗号は複雑極まりなく、電報の内容にはどんな解釈も成り立つ）。その結果、ドレフュスは有罪と見なされ、仏領ギアナの沖にある悪魔島の監獄に送られてしまった。

しかし間違った電報で有罪になったドレフュスが、ついには別の電報で自由の身になったことは正当なことだろう。1896年になって、パリにいるドイツ大使館勤務の軍関係者のゴミ箱の中身をフランスの情報当局の職員が検査したところ、送られずに破られた気送管用の電報用紙が見つかった。その紙片をつなぎ合わせると、このメッセージはフランス戦時内閣のもう1人の官僚、フェルディナン・ヴァルザン・エステルアジ少佐に宛てられたもので、責められるべきは彼であることを示唆していた。それにもかかわらず、ドレフュスが復職を果たすのにはさらに10年がかかった。その頃にはこの事件は、ドレフュスを擁護するために「私は弾劾する」という有名な記事を書いた小説家のエミール・ゾラを中心とする、パリのインテリの間では話題になっていた（この事件は政治的な難問で、フランス陸軍がドレフュスがまったく無罪であったことをやっと認めたのは、1995年になってからのことだ）。

電信による普遍的な平和や理解はいいことだが、それはいかさまや窃盗や嘘や騙しのための新しい方法も提供したのだ。

第８章
回線を通した愛

地球のどんな果てでさえも、電気的なテレグラフの回路に言い寄られる。
――１８５２年の『サイエンティフィック・アメリカン』誌より

スパイや犯罪者はいつでも、新しい方式の通信を利用する最初の人たちだ。しかし恋人たちも決してそれに劣らない。光学式テレグラフは一般用ではなかったので、それに愛のメッセージが乗せられたという例は知られていないが、電気式テレグラフが一般に公開されて数カ月して、最も先が読めるテレグラフの擁護者さえ想像できなかった、オンラインの結婚式に使われるという事態が起きた。

花嫁はボストンに、花婿はニューヨークにいて正確な日付はわかっていないが、１８４８年にロンドンで『テレグラフの逸話』という小さな本が出るころには、この結婚式の話は広まっていた。それは「英国の電信が成し遂げてきたありとあらゆる功績を、遠い過去のものにするほどの物語だった」と書かれている。

ボストンの裕福な商人の娘が父親の会計事務所の職員のB氏と恋に落ちた。父親は誰か別の男に嫁がせるつもりだったが、彼女はそれを無視してB氏と結婚したかった。父親はそのことに気づき、その若者を英国で働かせようと船に乗せてしまう。

船はニューヨークに途中停泊したが、彼女はあらかじめ彼に連絡を取って、決められた時間に判事と一緒に電信局に来るよう頼んでおいた。同じ時間に彼女はボストンの局にいて、オペレーターが彼らの言葉を相互にモールス符号で送り合って、2人は判事のもとで正式に結婚した。「誓いの言葉は電気の信号で交わされ、そうして彼らは電信で結ばれた」と当時の記事は伝えている。

驚いたことに、この結婚は法的に拘束力を持つものと見なされた。父親は自分が娘のために選んだ男と結婚するようにと言い張ったが、娘は英国に向かっているB氏とすでに結婚していると主張した。その商人はどうやら「その結婚は有効でないとすごんだが、その主張をそのまま実行するには至らなかった」らしい。

一方、英国では電信が本当の愛の邪魔をするものと心配する声が上がっていた。スコットランドとの国境のちょうど北側にあるグレトナ・グリーンという村まで、カレドニアン鉄道に沿って電信網を広げる計画が実行に移された。この村は国境の南側から駆け落ちしたカップルが逃げ込む場所として有名だった。というのもスコットランドでは英国と違って牧師や判事がいなくても「結婚宣言」をすれば結婚ができたからだ。電信網が延長されることで、列車で駆け落ちしたカップルはそのことを先に通報されてしまい、彼らがグレトナ・グリーンに着く前に結婚を認めない親が当局に連絡できてしまう。「科学はロマンスと恋の敵だ！」とある批評家は断言した。

新しいテクノロジーは普及することで、愛のやりとりに良くも悪くも影響する。一般的には電信は高価で安全性が低いため、伝統的な手紙に対しての脅威にはならない。しかし電信オペレーターの生活における愛は、仕事の間ずっと回線を使って通信を続けているために、もっと意味深いものになっていた。

電信オペレーターは閉鎖隔絶された集団に属している。彼ら彼女らには独自の習慣や言葉遣いがあり、メッセージを迅速にやりとりするための細かい厳密な規則に縛られている。最も優秀なオペレーターは大都市の中央局で働いているが、地方の支局では毎日数本のメッセージしか取り扱われず、経験の少ないパートタイムのオペレーターしか働いていなかった。しかし全体で見ると、世界の電信会社の従業員は何千人にも達するオンラインのコ

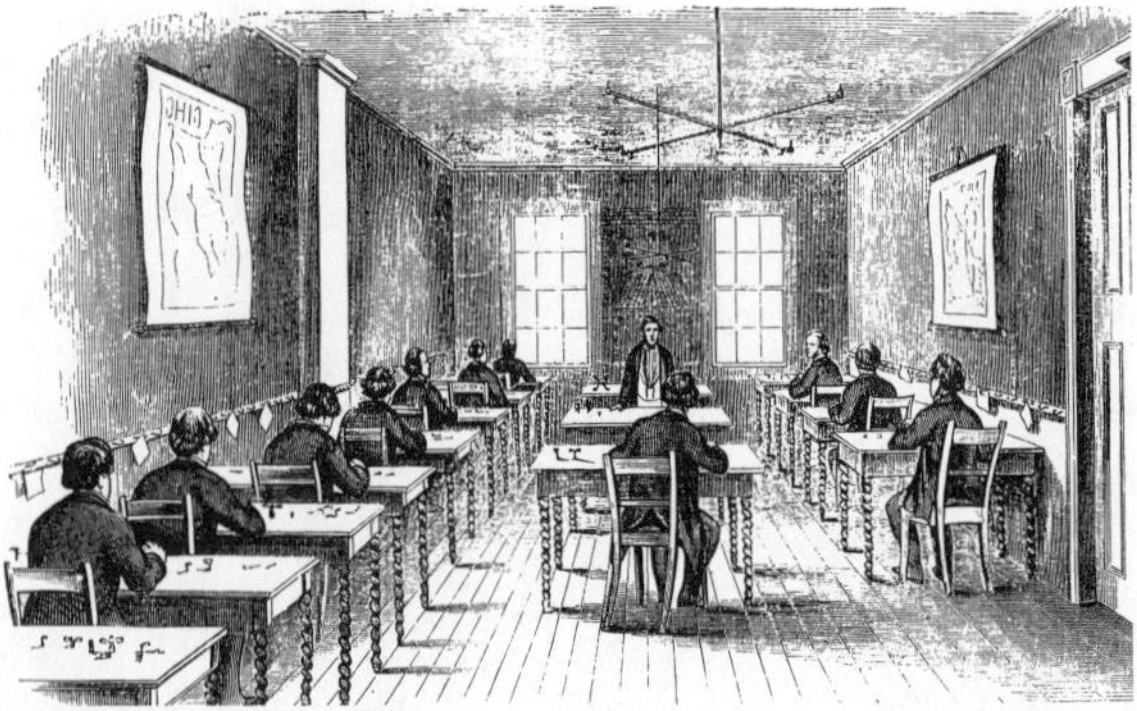
米国の典型的な中規模電信局。オペレーターはモールスのキーと発音機が載った木製の机に座っていた

ミュニティーを形成しており、ほとんどは顔も合わせることもなかった。そして回線を使った通信は明らかに個人的なものではないにもかかわらず、それは実際は非常に緻密で親密なコミュニケーションの方法となっていた。

経験を積んだオペレーターはモールス符号の打ち方を聞いただけで、それが明らかに人間の声のように聞き分けられるので、相手が友人であるかどうかわかった。個々の回線のオペレーターは自分をオンライン上で名乗るための2文字のサイン、「シグ（sig）」というものを持っていた。例えばデトロイトのオペレーターの「ミルズ（Mills）」はMSというサインを使い、他のオペレーターの「A・エドワーズ（A. Edwards）」はAEという風に。

オペレーターは離れた局の相手と協力関係を

築いた。トーマス・エジソンも1860年代に「私がボストンで働いているときのニューヨークの1番回線の相手に、ジェリー・ボーストというオペレーターがいた。彼の受信技術は第一級で送信も早かった。われわれはこの回線を保持するために、彼がアルファベットの1文字を他のものに代える通信方法を編み出し、私はすぐにその方式に慣れた。そしてわれわれは最終的に3文字を変更することにした。すると他のオペレーターがボーストから受信しようとしてもできないようになり、私とボーストはいつも一緒に働くことになった」とこうした関係があったことを書き残している。

オペレーターはこうやって個別の回線を自分のものだと主張していた。このことは非公式な話だったが、送信者と受信者が互いの能力をよく了解していたため、仕事が円滑に進み送受信エラーも少なくなった。しかしそうとはいえ、オペレーターが友人と話すために混んだ回線を避けて比較的暇な回線に張りついてしまうので、会社はオペレーターのローテーションを行った（それをオペレーターは「誘拐された（snatched）」と呼んでいた）。ある電信局に1898年に張られた注意書きには「いわゆる〝誘拐〟に不服なオペレーターに対してだが、この会社に雇用されたからには、特定の回線に執着することなく、使われていなかったり比較的暇な回線に当たったりしたら他の回線が忙しいと考え、それに気づいたらすぐに応援に行くこと」とあった。

暇な時間のオンラインでの会話は実際に、よもやま話やジョーク、身近なゴシップなどで盛り上がった。「まるで参加者が一緒にクラブで座を囲むように、いろいろな話が語られ、意見が交換され、笑いが飛び交った」とある記事は伝えている。あるときは、回線を通って広まった話が地元の新聞に掲載されることもあった。エジソンによると、ほとんどの話はわいせつで露骨な話ばかりで、新聞には載らなかったとされる。

退屈で寂しいオペレーターはチェッカーの盤面に番号を振って電信で対戦したが、この起源は1840年代にワシントンとボルチモア間の回線を使ってチェスを指した時代に遡る。僻地で働く電信会社の職員の中には、地元の人より回線でつながった遠くの職員とのつきあいを好む人もいた。ペルシア（現イラン）に勤務していた英国のオペレーター、トーマス・スティーヴンスは、他の英国人との交流を優先して地元の人とのつきあいを避けていた。「野蛮な国にいると、文明の香りが少しでもする相手とつきあいたくなる」と彼は電信を介して何千マイルも離れた場所の友達に書いている（電信は違った国の人々とのつながりを醸成する能力があるということでもあるのだが）。

ある日、アメリカン・テレグラフ社の職員が、営業時間外にボストン、カレー、メインを結んで電信で会議を行った。この会議には、700マイルにわたる回線につながる33の局の何百人ものオペレーターが参加した。発言者がその内容をモールス符号で打つと「その回線につながったすべての局が、まるで時空が消えたように同時にその発言を受け、お互いが実際は何百マイルも離れているのに、まるで皆が同じ部屋にいるかのようだった」とある記事は伝えている。約1時間にわたっていろいろな決議をした後に、従業員たちは散会したが「非常に協調できて心温かい気分になった」（英国では『パンチ』誌が、国会の審議を電信で行えば、お喋りな発言者がいつまでも話し続けないで済むと提案している）。

電信会社に働く女性は多かった。1870年代までに、ウエスタン・ユニオン社の従業員の男女比は2対1だった。最初の女性従業員は1846年にニューヨークとボストン間の回線が開通したときに、マサチューセッツ州ローウェルでオペレーターに任命されたサラ・G・バグリーだった。

英国では女性の電信職員は通常、聖職者、商人、官僚などの娘で、その多くは18歳から30歳の間で未婚だった。女性たちは「見事に機械を操り」電信の仕事（操作はあまりたいへんではなかった）にぴったりで、暇な時間は読書をしたり編み物をしたりしていた。勤務時間は長く、ほとんどのオペレーターは女性も含め、日に10時間、週6日間の労働をこなしていた。

「通常の場合、オペレーターは、回線で打たれている音を聞くと、女性が打っているかどうかわかる。キーのタッチが違うのだ。職員によると、女性は通常は男性のように強くキーを叩かない。ときには例外もあるが」と1891年の『ウエスタン・エレクトリシャン』誌は報じている。ほとんどの場合、女性のオペレーターは男性と分けられて配置されており、「女性監督」を雇って彼女たちを監視する会社もあった。女性のオペレーターは物理的には男性の同僚と離れていたが、仕事の間は電信のネットワークを介して直接的に接触していた。そこで多くの仕事上のつきあいが、オンラインのロマンスに発展するということになる。ある作家によると、「あるときはロマンスが花開き、あるときは初めて対面したとたんに破談になる」ということもあった。

1891年の『ウエスタン・エレクトリシャン』には「テレグラフのロマンス」という記事が掲載され、メキシコ国境近くのアリゾナ州ユマの砂漠にある辺鄙な局で起きた「小さなロマンス」について語られている。「これほど行きたくなくて住みにくい場所もそうは見つからない。大きな水のタンクしかないさびれた小屋が電信事務所となっており、もう1つの小屋には十数人ほどの線路技師が住んでいた。夏の数カ月にはこの砂漠の小さな局での生活はほとんど耐えがたいものだった」。何もすることもなく、耐えがたいほど気温が高くて眠ることもままならない状況で、この局のオペレーターのジョン・スタンスバリーが電信に人づきあいを求めたのは当然のことだろう。

間もなくしてスタンスバリーは、カリフォルニア州バニングのオペレーターで「マット」という名前の、本人によれば「陽気で快活なヤツ」と知り合いになった。彼らはすぐに親交を深め、一緒に山に狩りや魚釣りに行こうということになった。2人はこの旅行の計画を細かい点まで打ち合わせ、魚釣りには裸足でもかまわないと言うスタンスバリーに、マットはゴム長靴を持っていくと言って譲らない場面もあった。ところが直前になってマットはこの旅行を取りやめ、代わりに列車でニューメキシコまで行って、スタンスバリーの局があるユマにも途中で立ち寄ることにした。しかしマットがユマに着くと、スタンスバリーは病気で熱を出してうなされていた。

「病室で苦しんでいる間に、おぼろげに優しい女性的な手や親切な女性の存在に気づいた」とスタンスバリーは後に書いている。「そして私の意識が回復したとき、美しく心地のよい顔が近くにあったことには驚かなかった。その顔の持ち主は、私が倒れたときは列車に乗っていて、後に痛みに苦しむ私のために仕えてくれた。そういう考えはばかげているかもしれないが、私が熱で意識がない間に愛の基盤が育まれ、彼女が介護してくれて回復しつつある間に愛が育ち深まったのだ。少しして私は愛を告白し、私の妻になってくれないかと尋ねた。しかし彼女の答えは意外なものだった。彼女は、〝ジョン、あなたは本当に、ゴム長靴を持っていくと譲らないような女と結婚したいの？〟と聞いたのだ」。

「〝マットか！〟と私は完全に打ちのめされてしまった。そして急にひらめいたのだ。彼女はバニングのオペレーターで、私はばかなことに、当然相手は男だと思い込んでいたのだ。長靴のこともあり彼女と本当に結婚したいと説得するのにいろいろ苦労もしたが、結局はうまくいき、そしてこのとおり新婚旅行に出ている。サザン・パシフィック・テレグラフ社はオペレーターを1人失ったが、私はこの勝負に勝ったのだ」。

1880年代に若いオペレーターだったマニー・スワン・ミッチェルは、「多くの電信のロマンスは〝回線を通して〟始まり、結婚で頂点に達した」と回想する。1879年のエラ・チーヴァー・セイヤーの小説『ワイアード・ラブ』も、オンラインでの求婚をめぐって話が展開する。

運の悪いオンラインのロマンスが、実世界に影響を与えることも納得がいく。そうした一例が1886年の『エレクトリカル・ワールド』に掲載された「ワイアード・ラブの危険性」という記事に出ている。ブルックリン在住のジョージ・W・マッカチョンは20歳の娘マギーとニューススタンドを営んでいた。店は大繁盛したので、彼は自分の店に電信回線を引いてマギーに操作させようと考えた。しかししばらくして彼は、彼女が回線の向こうにいる何人かの若い男たちと「ずっといちゃついている」ことに気づく。その中の1人のフランク・フリスビーはロング・アイランド鉄道の電信局で働いている妻帯者だった。

マギーは電報で彼に遊びに来るよう招いてフリスビーはそれを受けた。しかし彼女の父が気づいたため、彼は来ることを止めた。マギーはそれでもひそかにフリスビーと関係を持とうとしていた。マッカチョンは引っ越してしまおうとしたが、マギーは近くの電信局で仕事を見つけて、関係を再開した。ついには父親が彼女を呼び出して、「頭をぶっ飛ばす」と言って脅かした。彼女は父を逮捕させ、彼は脅迫罪で有罪になった。

また一方で、電信によってカップルが実世界の障壁を乗り越えることもできた。1876年にアリゾナ州グラント基地に勤めるオペレーターだったウィリアム・ストレイは、自分の結婚が解消の危機にあると考えていた。彼は結婚式のためにサンディエゴまで行こうとしたのだが休暇が取れず、基地には牧師がいないためフィアンセをグラント基地まで呼ぶのも意味がない。しかしストレイは「電信での契約は可能なのだから、これを使って結婚してしまえばいい」と考えた。そしてフィアンセのクララ・コアーテをグラント基地に呼び、電信を使って遠方から牧師に結婚式を仕切ってもらおうという考えがひらめいた。コアーテは基地まで馬車でやって来て、650マイル離れたサンディエゴにいるジョナサン・マン牧師が彼らの結婚式を執り行ってくれることになった。

カリフォルニアとアリゾナ間の回線を担当したフィリップ・レード中尉が、利用時間外の回線を確保して結婚式に使えるようにしてくれた。彼はこの回線につながっているすべての局のマネージャーに、この線が「サンディエゴとグラント基地の間の電信を使った結婚式を遂行するために使われ、あなたとすべての友人が特別に列席するよう招待されている。もし必要な場合には良い回線状態が保持されるよう支援する」ようにと情報を流した。オペレーターたちはその招待を受諾し、4月24日の午後8時半に、サンディエゴにいる花嫁の父親と牧師の用意ができたというメッセージが届いた。そして牧師が結婚式を始めると、彼の言葉がそのままグラント基地に中継された。そして式のしかるべき時点で、花嫁と花婿がキーを叩いて「誓います」という言葉を送った。結婚式が終わると、回線につながったすべての局からお祝いのメッセージが押し寄せた。花婿はそれから何年経っても、彼の名前を聞くとすぐに、その結婚式に参加したという仲間のオペレーターに祝福の言葉をかけられた。

電信は同じ局で働く者同士も結びつけることがあった。1891年に『ウエスタン・エレクトリシャン』誌に掲載された「電信で育まれる愛」という記事では、経験の浅い無能なオペレーターもいる地方鉄道の多数の局とつながっていて、仕事のやりにくいニューヨークの電信局の話が出てくる。そこで仕事をしようとすると、腹が立つことばかりが起き、「オペレーターの技量とか協調性は関係なく、そのストレスに数分で耐えられなくなる」状態だった。しかしそこにいる1人の若い女性オペレーターは、まるでトラブルに巻き込まれることなく仕事をこなしていた。ある夏の日に新しいオペレーターが来て、彼女の昼食の時間に交代するよう配置された。彼は温厚な人だったが、仕事にかかって10分ほどすると、ある地方のオペレーターと「激しい大喧嘩」になった。その喧嘩は女性が帰ってくるまで続いていたのだが、彼女がそれを丸く収めた。同じことが毎日起きて、その若い男は彼女を好きになってしまった。彼は「この回線を相手にできるのは天使しかいないと思い、彼女と近づきになろうとがんばった。そして彼らは結婚してメデタシメデタシ」と記事は結論づけている。「そして彼は結婚したいと思っている友人にその秘密を伝授し、多くの人がその回線を見張っていた。どんな若い女性もそこでは長続きせず、それを見張っていた人々はその意味がわかっていた」。

電信を使った交流にも暗い側面があり、優秀なオペレーターは小さな町のパートタイムの職員とオンラインで出くわすと「耳栓（plugs）」「しろうと（hams）」と呼んで軽蔑していた。何よりもスピードに価値がある仕事なので、割り当てられたメッセージの送受信が一番早いオペレーターにはボーナスが出され、彼らはボーナスマンと呼ばれていた。いわゆる第一級のオペレーターは毎時60本のメッセージを扱うことができ、これは毎分25から30語に相当したが、ボーナスマンはもっと早く毎分40語かそれ以上を間違いなくこなすことができた。

次から次へと仕事を変える人は「ブーマー（boomers）」と呼ばれていた。仕事には正式な面接もなく、応募者は忙しい回線の前に座らされ、それが手に負えるかを判断されただけだった。彼らはどこででも仕事を見つけることができたので、いろいろな場所を遍歴する人生を送る人が多く、アルコール依存症になったり精神を病んだりする人も多かった。ある意味、電信会社は実力主義社会で、メッセージの送受を迅速にできれば誰であるかは問われなかったので、そのせいもあって女性や子どももいつでも受け入れられていた。

新人のオペレーターはだいたい、公園や夏のキャンプやリゾート地で季節労働者としての募集に応募し、才能のある者は都会を目指した。若いオペレーターは都会に足場ができると、「塩を加える（salting）」と呼ばれるふざけた入会儀式を受けた。例えば「L・E・ファント」とか「リン・C・ドイル」宛てのいんちきなメッセージが届く。しかし通常、無用心な新人オペレーターは、操作の早い相手と組まされて、最初はそれなりのスピードなのだが、それが徐々に速度を増していく。初心者のオペレーターがそれに追いつこうと格闘していると、職場の他のオペレーターたちが周りに集まってきて観察し始め、ついには「参りました」と言うまで徹底的にやられる。この儀式はまた、新人しごき（hazing）とか急襲（rushing）とか呼ばれた。

発明家で、電信オペレーターでパイオニアだったエジソン

若い頃のトーマス・エジソンが誰よりも早くメッセージを送れたことは伝説にもなっている。エジソンは10代の頃にある駅長からモールス符号を教えてもらった。駅長の3歳の息子が線路で轢かれそうになったのを救ったからだ。彼はオペレーターとしてすぐ上達し、武勇伝をたくさん残した。あるとき、エジソンはだらしない格好のままボストンで仕事に就いたが、オペレーターたちはプライドが高く紳士のような服装を好んでいた。彼らはエジソンを田舎者と思い、他の局にいる非常に早いオペレーターとしごきを始めた。しかし25語、30語、35語と徐々に送信速度が上がっても、エジソンは涼しい顔で受けていた。ついにはすべてのメッセージを難なく受けたエジソンは、相手に対して「もう一方の足も使ったらどう?」と打ち返した。

エジソンの技能の高さは、彼が難聴を患っていたせいもある。つまり電信の受信音を聞いているときに背後の雑音が聞こえなかったのだ。彼はその後の人生で、2番目の妻ミーナに求婚するときも難聴であることを有利に使った。彼は自分の日記に、「私の結婚においては難聴も役立った。まず、相手の女性の話を聞くために、相手に断って自分では普通はとてもできないほど近寄らなくてはならなかった。後年の求婚の際には電信を使ったが、私は相手の女性にモールス符号で気持ちを伝え、彼女が送受できるようになると、それは口で話すよりもっと仲良くなることに役立った。実際に私は彼女に、結婚してくれるかとモールス符号で尋ねた。電信符号で〝はい〟と打つのは簡単で、事実彼女はそう返してきた。もしそれを口で伝えなければならなかったとしたら、返事をするのはもっと難しかったろう」と書き記している。

エジソンは他の多くの電信関係者と同じく、新しく改良された電信機器をいろいろいじるのが癖だった。彼は電信局の奥の部屋で実験しようと夜勤を好み、アップルパイを大量のコーヒーで流し込むというような質素な生活をしていた。しかし実験にはよく失敗し、彼は首になっては別の町に行かなくてはならなくなった。あるときは、自分で考案した新型電池用の酸性液を混ぜているうちに、局舎で爆発を引き起こした。また銀行の上にある局舎では硫酸を床にこぼし、それが床に穴を開けて下の階に落ちてカーペットや家具をだめにしてしまった。

しかしエジソンのオペレーターとしての武勇伝的な働きのおかげで、彼は電信業界で昇進していき、大手電信会社の経営者直属の技術者かつ発明家として上り詰めた。多くの電信オペレーターの変わった習慣や奇妙な人生観にもかかわらず、電信会社で働くことは魅力的な仕事で、社会的進出をすぐに遂げたいという夢を与え、中産階級の拡大を助長するものになった。初心者にモールス符号を解説する本やパンフレットが街に溢れた。出世を夢見る者には小さな町から都会に逃れる道を開き、旅行好きにはどこででも仕事を保証してくれるものだった。

もちろん大きな局では離職率も高く、従業員は社会的に隔絶された長時間労働を強いられ、ストレスがたまる不愉快な職場環境だった。しかし電信会社で働くことは、広いオンラインのコミュニティーに加わり、地球全体を網の目のように結ぶ地球規模のネットワークに働く何千人もの男女のいる世界を目指すことでもあった。

第9章 グローバル・ヴィレッジの戦争と平和

地球の全住民が1つの知的な隣人となるのだ。
——1846年にアロンゾ・ジャックマン提督が
大西洋横断電信を称えて

電信が人類を1つにするという楽観的な見方が広くなされていたものの、互いに直接的なコミュニケーションができたのは、電信オペレーターたちだけだった。しかし電信のおかげで、新聞が地球の裏で突然起きた事件を数時間後に伝えることができるようになって、一般の人も不断に広がる世界的なドラマの参加者になった。それによって世界の見方は劇的に変わったが、電信が新聞のビジネスにどのような地殻変動をもたらしたかをきちんとわかるためには、電信出現以前の新聞がどう作られていたかを理解する必要がある。

19世紀初頭の新聞は狭い地域しか対象にしておらず、ニュースは新聞と一緒にいろいろな場所に運ばれながら伝えられていった。チャールズ・コンドンというジャーナリストは、その時代に自分の住むニューイングランドの新聞にはほとんど何も書かれていないと不平を言っている。「当時はささいな出来事ばかりで、購読者はそれらで満足していたに違いない。ヨーロッパで何か起きたとしても、そのニュースが伝わるのは6週間後かもっと経ってからだった」と彼は回顧録に書いている。海外特派員からの手紙はほとんどなく、「届く便りのほとんどはまるで面白くない話ばかりだった」のでそれでも良かったのだと彼は言っている。

現在では一般にジャーナリストのイメージは、休むことなく記事を書いては編集室に駆け込むというものだろう。しかし19世紀の初頭には、新聞は地域のニュースだけ扱っていればよく、伝わるタイミングは問題ではなかった。コンドンはあるジャーナリストが近くの町で行われる演説を取材に行きたいと申し出たのに、「2、3日したら誰かが何か伝えてきてくれるだろう」と編集者に断られた話を書いている。ある新聞では編集者のつきあい上の都合で毎週違う曜日に発行され、またニュースがたくさんあった週には、次週にニュースがないと困るので取っておくという新聞もあった。そして地域のニュース以外は、発行されて何日も後に送られてきた他の新聞から転載していた。新聞は互いに他紙の記事を勝手に掲載していたが、ニュースは非常にゆっくり移動しており、ある新聞が他紙の話を盗んでもそれが同じ日に掲載されるという心配はなかった。こうした自由な情報の交換は関係者全員に益があったが、ニュースはいつも読者に届くまでに数週間はかかった。

大きな新聞社はそれでも海外に特派員を出しており、遠い町からの最新のニュースを書き送っていた。彼らの手紙は数週間かかったものの、電信網が構築されるまでそれ以外に方法がなかった。そこで掲載された海外のニュースは数週間から数カ月遅れというのが当たり前だった。特にロンドンの『タイムズ』紙は海外特派員のネットワークを拡充しており、多くのビジネス関係の読者のために商売に関係ありそうな最新の海外の政治状況を伝えていた。海外ニュースは船の発着や積荷の詳細も報じていた。しかしニュースはそれを運ぶ船よりは早く伝わらなかったので、1845年1月9日の『タイムズ』に掲載されたケープタウンの報道は8週間前のもので、リオのものは6週間前だった。ニューヨークとの時差は4週間、ベルリンとは1週間だった。それでも『タイムズ』はともかく最も早い方法でニュースを得て印刷する新聞だった。

英国の新聞税のあおりで新聞の値段は高くなり、『タイムズ』は自ら市場を開拓しなくてはならなかった。しかしニューヨークでは1820年代に、『ジャーナル・オブ・コマース』紙と『クーリエ・アンド・エンクワイアラー』紙の壮絶な競争が起きていた。両紙はビジネス向けで、ニュースの早さを競い合っていた。両社ともニューヨークとワシントンの間にポニー・エクスプレスを開設して政治ニュースをより早く入手しようとし、ヨーロッパから来る船が停泊する前に高速船を使って最新ニュースを得ていた。1830年代になると新聞は安価で大衆向けの市場ができて一般的なメディアになっていた。いわゆるペニー・プレスと呼ばれる新聞間での競争が起き、伝書鳩や船がよく使われるようになった。『ニューヨーク・ヘラルド』紙のジェームズ・ゴードン・ベネットという編集者は彼の通報者の1人に、ヨーロッパからのニュースを他紙に先駆けて届けた場合、1時間早いごとに500ドルのボーナスを支払うことに同意していた。ニュースを最初に伝えればもっと新聞が売れるようになり、ニュースは金になるようになった。

そして明らかに、1840年代の電信回線の開設はすべてを変えた。実際にモールスがワシントンとボルチモアの間の最初の回線で送った初の「神は何をなしたもうか」というメッセージの次にすぐ続いて打たれたのは「何かニュースはあるか？」だった。しかし多くの新聞社は電信を歓待するよりむしろ恐れていた。

馬や伝書鳩などの次は電信と考えるのが自然だが、逆にそれは不吉な展開と見なされてしまった。電信はニュースを瞬時に送ることができるので、誰が最初にニュースを手に入れるかという競争の決着はついている。勝つのは新聞でなく電信のほうだった。ジェームズ・ゴードン・ベネットは他の多くの人と同じく、電信を使って実際に新聞を廃業に追い込もうと考えた。なぜならそれは新聞をどれも同じ水準に引き下げてしまい、競合他紙を出し抜いて先にニュースを入手することにメリットがなくなってしまうからだ。「電信は雑誌には影響は与えないだろうが、単なる新聞はこれから消える運命だ」と彼は示唆している。そこで印刷物に残された唯一の役割は、ニュースにコメントしたり分析をしたりすることだけになる。

もちろんこの見方は結果的に間違っていた。電信は新聞社のオフィスにニュースを届けるには非常に効果的な方法だったが、多数の読者にニュースを配るには向いていなかったのだ。電信は情報の提供側と出版側の均衡を劇的に変化させてしまったが、新聞の経営者はすぐに、それによって廃業に追い込まれるどころか、実際には大きなチャンスが生まれたと気づいた。例えば速報ニュースはその進展に沿って分割しながら伝えれば、緊張感を高めて売り上げ増にもつながる。同じニュースがその日に4回大きく変化したとすれば、4つの版を発行でき、そのすべてを買う人も出てくる。

しかし遠い場所のニュースが直ちに手に入ることによって、取材は誰がするのかという問題も生じる。今日のような記者は当時いなかった。そこで誰が取材をするのか？ 世界中に散らばっている電信オペレーターを記者として働かせる方法もある。いくつかの電信会社がオペレーターに取材をさせて新聞社に売ってみたが、彼らはジャーナリストには向いていなかった。その代わりに、各新聞社が自社の記者を送って遠くの場所から送らせるという方法もあるが、各社が同じような記事を同じ回線で送るのも費用がかさむだけだ。

そこで考えられたのが、新聞社がグループを組んで共同で記者のネットワークを作り、速報を電信で中央のオフィスに送って、グループ各社が共同で利用するという方法だった。こうすれば新聞社は何十人も自社の記者を遠隔地に送って費用をかけなくても、他ではできない広い地域での活動が可能になる。米国で作られたこの種の組織は通信社と呼ばれるようになり、最初でかついちばん有名なのはニューヨークの新聞社が集まって1848年に設立したニューヨーク・アソシエイティッド・プレス（AP）だった。この会社はすぐに電信会社と良好な関係を築き、新聞社にニュースを売るビジネスを支配するようになった。

一方ヨーロッパでは、ポール・ジュリアス・フォン・ロイターがニュース通信社を設立していた。ドイツ生まれのロイターは、いろいろなヨーロッパの新聞記事をさまざまな言語に翻訳して再配信する翻訳業を営んでいた。ロイターはすぐにある種の話は他よりも価値があることに気づいた。特にビジネス関係者はタイムリーな情報に金を払う気があったので、彼は自分で伝書鳩を調達して、ビジネス関係の情報を手紙より数時間早く届けるサービスを始めた。まずは、エクス・ラ・シャペル（アーヘン）とブリュッセルの間で開始し、1840年代にはヨーロッパ全土へと広げていった。毎日午後の株式市場が引けると、各所のロイターの代理人が債権、公債、株券などの最新の価格を紙片に書き取って絹製の袋に入れ、ロイターの本社まで伝書鳩で飛ばした。安全のために同じ内容を3羽の鳩が運んだ。そしてロイターはそれらの要約を作って加入者に送ったが、すぐにそれにちょっとしたニュースも加えた。

エクス・ラ・シャペルとベルリンの間に電気式テレグラフが開通すると、ロイターは伝書鳩と一緒にこれを使い始めた。1851年に英国とフランスが結ばれた頃、ロイターはロンドンに移った。ロイターの信条は「ケーブルを追う」というもので、ロンドンは世界の金融市場と広がりつつある国際電信の中心地として最適だった。

ロイターの海外情報は最初ビジネス志向だったが、ビジネス関係の顧客は貿易関係の情報にしか興味を持たなかったので、彼は速報を新聞社に売ろうとし始めた。英国では1855年に新聞税が廃止されたことにより新しい新聞社が何社か生まれたが、海外ニュースをカバーできるのはよくできた特派員のネットワークを持っている『タイムズ』だけで、出足は遅かったが電信も使い始めていた。『タイムズ』はロイターから買うより自社の記事を優先し、ロイターからの話を3回も断った。しかしついに1859年にロイターは、フランスがオーストリアとの関係について行った歴史的な演説文を手に入れ、パリからその2時間後にロンドンの『タイムズ』に提供することで威力を発揮した。その後にフランスとサルジニアが組んでオーストリアと戦争を始めたが、ロイターの特派員はこの3つの陣営から取材し、あるときは同じ戦いを3軍の視点から語った3本の記事を配信するということもやった。この期に及んでも『タイムズ』は自社の特派員に頼ろうとしたので、ロイターは『タイムズ』の競合社で海外特派員を持っていない他の新聞社にニュースを売って手助けすることにした。

海外のニュースは少なく、読者もそれが多ければ多いほど喜んだ。狭い地域に限定されず、その日の世界中の主な出来事を1つにまとめて届けることで、新聞は少なくとも世界を相手にしているという幻想を与えることが可能になった。今日では当たり前のことになっているが、当時は世界の出来事に追いつき地球規模に広がったコミュニティーの一部になることは日常的感覚を超えたものだった。

それは売り上げにもつながった。「新聞にとって電信の発明は恐ろしく価値のあるものだ。時間が経って状況が変わる前にニュースが伝わる。網で焼きたてのステーキを出すようにアツアツの状態でニュースを提供できるようになり、もう離れた台所からゆっくり運んで冷たく味気なくなるようなことはない。３０００マイル離れた場所で戦争が行われているが、われわれは負傷兵が病院に運ばれる間にその詳細を伝えることができる」とあるジャーナリストは宣言している。

海外ニュースを求める声はたいへんなもので、最初の大西洋横断ケーブルが1858年に引かれたときうまく伝わったニュースのいくつかは、ヨーロッパからロイターが伝えたものだった。ニューファンドランドからはケーブルを介して「どうかニューヨークからのニュースを送ってください。彼らがすごくニュースを欲しがっています」という要望が送られてきた。そして1858年8月27日のニュースの見出しは「フランス皇帝がパリに帰還。プロシア王は重病でヴィクトリア女王訪問かなわず。中国問題は解決。グワリアの反乱を軍が粉砕。全インドは平穏状態に」となった。

この最後の見出しは、前年に起こった英国支配に対するインドでの深刻な反乱が鎮圧されたことを示している。しかし(北米の)ノヴァスコシアのハリファックスで指揮をとるトロロープ将軍は、ロンドンの上司から数週間前に海路経由で、インドに再配置できるよう大西洋経由で2連隊の兵士を戻すよう命令を受けていた。トロロープがロイター電を知っていたかどうかはわからないが、事態は明らかにもうそういう行動が必要ないことを示していた。トロロープ将軍に下された命令を打ち消す新たな待機命令が、新しい大西洋ケーブルを使って緊急に送られ、そのおかげで英国政府は敷設にかかったより多い5万ポンドが節約できた。これは大西洋に引かれた不運なケーブルで最後に流されたメッセージとなり、それは翌日に動かなくなった。

しかしもっと前にケーブルが故障していたらどうなっていただろう？　トロロープがロイター電に気づいたのだとすれば、もう実際インドには派兵の必要がないことはわかっていたはずだが、彼は命令に従って何の疑いもなくともかく兵を送ってしまったことだろう。これは外電が迅速に広く伝わることによって、軍や外交にとっての予期せぬ出来事が回避できた例だが、こうしたことはクリミア戦争ではもっと一般的になった。

新聞にも公表されていた何でもないニュースが、戦時には非常に危険なものになることがある。それは同じニュースが、国際電信網の存在によって敵にも即時伝わってしまうためだ。英国では長年の慣習で、外国の紛争地域に出発した船の情報は公表されていたが、それはその情報が船より早く着くことがなかったからだった。しかし電信があれば、どんな情報もすぐに外国に伝わってしまう。こうしたことに政府やニュース機関が慣れるまでには非常に時間がかかった。

１８５４年３月にフランスと英国がロシアに宣戦布告し、クリミア半島に軍隊が出発したとき、ロンドンの軍事担当省は軍の規模や活動について詳細な情報を出していた。これはそのまま『タイムズ』に掲載されたが、それは読者にできるだけ情報を提供して戦争への意欲をかきたてようとするものだった。通常軍隊は自分たちの到着の情報の先をいっているはずだった。しかしヨーロッパで発達した電信網は、敵のいるサンクト・ペテルブルクまで延びており、英国軍の日々の報告はその日の『タイムズ』の紙面からロシアまで送られる可能性がある。

英国政府は無能だったので事態は複雑になった。官僚の中には情報を開示しすぎることは危険だとすぐに気づいた人もいるが、新聞と仲良くやることは覇気を維持し政府が戦争に熱心な大衆に応えていることになると考える者もいた。政府と『タイムズ』はすぐに仲たがいすることになる。英国軍の総司令官のシンプソン将軍は、「われわれのスパイが手を尽くして報告を送ってくるのに、敵はロンドンの5ペンスの新聞ですべてを手に入れ、情報にほとんど対価を払っていない」と嘆いていた。

クリミア戦争は政府がニュースを公表する際に電信の存在を考慮しないといけなかった最初の戦争であったばかりか、電信が初めて戦略的な意味を持った戦争でもあった。当初メッセージは電信でマルセイユまでしか届かず、その後は蒸気船でクリミアまで運んだため3週間もかかった。英国とフランスの政府は、一般の電信会社が来るのを待たずに、クリミアまで自ら電信網の建設を始めた。まず最も近いオーストリアまで行っている線を地上伝いにブカレストまで延長し、さらに黒海沿岸のヴァルナまで行き、その後は英国の会社と契約してクリミア半島まで340マイルの海底ケーブルを敷設した。フランスと英国の司令官は初めて遠隔地の戦場と直接連絡を取れるようになった。これはシンプソン将軍にとってはさらに悪いニュースで、ロンドンの無能な上官からどうでもいい問い合わせが送られてくることに激怒した彼は「電信には困ったものだ、すべてをぶち壊しにしている」と言ったと伝えられている。

戦略的な決定をするのに適しているのは、現場の司令官か遠隔地の上官か？　クリミア戦争について書いた歴史家のA・W・キングレイクは電信を、戦場とはまるで関係のない遠い場所にいるおせっかいな士官が手にした「新しく危険な魔術」と表現した。だが「われわれの政府はそれを乱用したわけではない」とも明確に述べている。「しかしフランスの回線では、一端にルイ・ナポレオンが据えられ、他の端にはカンロベールのような宮廷の戦略に従う気もなく逃げ腰で、判りにくい言葉を操って言い訳する司令官がいた」。

電信が戦場の混乱した状況を伝える記事をロンドンに送ってくると、さらに状況は複雑になった。この戦争はきちんと整理されておらず、英国では一般大衆は軍の行動に好ましい感情を抱いていたが、前線から『タイムズ』のウィリアム・ハワード・ラッセル記者が送ってくる速報によって明らかになった政府の不始末に不満の声が広がっていた。彼は前線に送られた兵士が間違えて配置され装備も不十分で、特に医療支援が不足していることに光を当てた（これが世論を喚起し、フローレンス・ナイチンゲールの慈悲使節団の設立につながる）。『タイムズ』が黒海の海底ケーブルを使って記事を送ることが許可されていなかったことは当然といえば当然だった。その代わりに記事はヴァルナやコンスタンチノープル（イスタンブール）まで蒸気船で送られ、そこから電信でロンドンまで送られた。

電信は前線の兵士と母国の読者、政府と将軍の距離を消滅させた。しかしまた少々都合が悪いことに、敵国の首都同士の距離もなきものにした。世界は突然に小さくなり、これには外交官はなかなか納得できなかった。

外交官は伝統的に事にあたっては、ゆっくりと慎重な対応をすることを好んでいたが、電信は即時に反応することを促すので、「これがわれわれの仕事に非常に望ましいことなのかどうかわからない」とクリミア戦争時の英国の外交官エドモンド・ハモンドは警告を発している。彼は外交官が結局は「本当はもっといい考えがあるのに、用意もしないままに対応してしまう」ことを恐れていた。フランスの歴史家シャルル・マザードは、1870年から1871年にかけて戦われた普仏戦争は、外交官が電信の速報にあわてて対応した結果生じた、とまで言っている。しかし新聞がニュースを握ってしまえば、それはしばしばし外国の政府にもメディアを介して伝わってしまい、従来からの外交ルートを外れてしまうため選択の余地はなかった。

それに対処するには、外交官が電信を取り込んでしまうしかなかった。そこで彼らは、ゆっくりではあるが乗りだした。1859年まで英国の外務省は電信の一顧客に過ぎず日中にしか通信を行わなかったが、1870年には外務省の植民地課には専用回線が引かれていた。外務官僚の中には電信にご執心の人もいて、ロンドンの自宅や郊外の別荘にまで回線を引いて世界中の情勢を入手していた。その結果、ロンドンに権力が集中し、遠方の国で中央政府から自立的に動いていた官僚たちの力は弱まってしまい、彼らにとって新しいテクノロジーは呪いのようなものに映った。ウィーン在住の英国大使だったホレス・ランバート卿は「電信は本来自分で判断すべき人々の士気をくじく」と嘆いた。

しかし外交官が電信を使うようになったとしても、電信は危機的状況を打開するのと同じくらい頻繁に、軍隊の派遣を命令するためにも用いられた。電信はまた米国で南北戦争の場面で広く使われ、両軍が進攻するに従って1万5000マイルもの回線を引いて、暗号を使い、また盗聴するなどの不正行為にいそしんだ。同様にヨーロッパでも電信は軍用としての価値が評価され、プロシアが陽動作戦に使ってケーニヒグレーツでフランスに勝利を収めた。

それにもかかわらず、多くの人々はまだ電信の平和利用の力を信じていた。1894年に以前のグッタペルカ社、現在のケーブル&ワイヤレス社の会長であるジョン・ペンダー卿が、電信は「外交の破綻とそれに続く戦争を抑止し、平和と幸福を広げる手段となってきた……悪い感情や不平不満が育つ間を作ってはならない。ケーブルは戦争の原因となる誤解を芽のうちに摘むものだ」と述べている。

それにも一理ある。しかし誤解は故意に作られる場合もある。1898年にスーダンでフランスと英国の軍隊が互いに行き詰まることで起きたファショダ事件では、新しい情報と情報遮断の力が明らかになった。ジャン゠バティスト・マルシャン少佐率いる仏軍は土地の所有権を主張しようと大西洋から紅海までを横断しており、一方の英国はキッチナー卿の遠征部隊はカイロから南のケープまでの全東アフリカを支配しようと目論んでいた。両軍の経路は必然的にスーダンのファショダ村で交差した。キッチナーとマルシャンは両大国間で戦争を起こすより、両国の政府が外交ルートで話し合って決着させようと決めた。しかしキッチナーはマルシャンと比べて、英国が支配しているエジプトの電信会社を使えるという決定的に有利な点があった。彼は現状報告をすぐに送り、これはエジプトの鉄道電信を通って、海底ケーブルでロンドンに送られた。彼は続いて、マルシャンの軍は実質的規模としてはほぼ同じものの、水不足の不安で士気が下がっている、と厳密には正しくない報告を送った。しかしマルシャンがパリの上官と連絡するには、大西洋まで連絡員を走らせ、その後は船を使うという方法しかなく、これには9カ月を要した。その結果、フランスが初めて事態を知ったのは、パリの英国大使が外務大臣にキッチナーの報告書を読んで聞かせたときだった。マルシャン側の情報を知りたがったフランス側は、英国の支配する電信回線を使ってファショダと連絡する許可を求めた。英国側はそれを拒否したが、マルシャンがカイロまで連絡員を行かせればそこから打電することは許可した。マルシャンの連絡員は1カ月かかってカイロまで着いたが、フランス側はその間キッチナーの報告書の内容しかわからず、結局は主張を取り下げるしかなかった。電信は誤報を利用したとはいえ、惨劇が起こることを回避した。

電信が平和に寄与するという楽観的見方は、実際の証拠もないままに世紀末までずっと広く残っていた。「もし諸国民がお互いに近づくのなら、その支配者や政治家もそうすべきだ」。1898年に書かれた『海底電信』の著者で、英国の電気学者で電信の専門家でもあるチャールズ・ブライトは「各国間で外交関係を維持するまったく新しくてずっと進歩した方法が、電信回線とケーブルによってもたらされた。これがもたらす利便性と迅速さで、1つの政府が他の政府のプロとしての〝心情〟を知ることができ、ここ数十年に外交上の失敗による戦争を避ける手段となってきた。最初は逆の結果が起きることも心配されたが、総じて言うならば、電信の平和的な影響力が勝っているとはっきり感じる」と書いている。

また新聞によっていろいろな事件の展開を世界中の人々が共有している感覚を持つことで、さらに楽観的な見方がなされた。こうした事例の1つは、1881年に狙撃されて負傷したジェームズ・ガーフィールド大統領が、亡くなるまで2カ月の間ゆっくりと生きながらえていた事件だろう。

1881年に『サイエンティフィック・アメリカン』に掲載された記事では、彼の病状の変化を世界中の人々がいつも共有できたことによる「電信の道徳的影響」について書かれている。それを「信号が人間性の結びつきを示した」と記事は書き、「叩かれる電信のキーが人類の思いやりを溶かし合わわせ、それを同時に世界的な1つの心臓の鼓動のように示すことを可能にした。文明化された世界が1つの病床の周りに1つの家族のように集まり、大陸や海底を電気のパルスとして通る希望や危険を知らせる報告で、世界が一体となって一喜一憂している」と続ける。この雑誌ではまた「歴史上類を見ない、以前には不可能な目を見張るような規模で壮大なスペクタクルが展開している。これは、科学が人間の思想や興味を混ぜ合わせて織り上げ、偶発的な感情としてではなく、世界的な仲間意識が常に制御できる形で、日常のすべての人間対人間の感情として定着する世界を予感させるものだ」と宣言している。

この誇張された表現を見ると、経験を共有することで世界平和が必然的にやってくるような気になってしまう。ある作家は1878年に電信は「非常に離れた場所にいるさまざまな人種に属する人々に統一感を与えた。電信は非常に高いレベルで、人類の共感を連合させ人間が皆きょうだいであるという思想を高めた。それによって世界の諸民族は寄り添い立つことになった」と表現している。ニュースを迅速に伝えることは、世界平和や真実の追求や相互理解を推し進めるものだと考えられた。われら人類を理解するには、いくらニュースがあっても足りないということだ。

本当にそうだろうか？　誰もが世界の果ての情報を知りたがっているわけではない。地元の重要なニュースを差し置いて関係のない海外のニュースを優先することに対して、ミシガン州の小さな地方紙『アルピーナ・エコー』は毎日の配信を中断して抗議した。同時代の報道によれば、それは「上海の洪水、カルカッタの虐殺、ボンベイの水兵の喧嘩、シベリアの大寒波、マダガスカルの宣教師の宴会、ボルネオのカンガルーの皮の値段、エーゲ海の島々の多種多様な陽気なニュースなどを伝えても、（ミシガン州の）マスケゴンの火事については1行も触れないという、電信会社の送る記事をそのまま信用していいのかわからない」からだった。新たに情報過多という問題の種が蒔かれていた。

第10章 情報過多

電信は生まれ落ちたときから商売の侍女だった。
――1853年の『ナショナル・テレグラフ・レヴュー・アンド・オペレーターズ・コンパニオン』誌より

情報が多いことはいつでもいいことなのか？　もちろんビジネスでは情報は多ければ多いほど、競合者に先んじることができる。遠い国の市場、よその帝国の興隆と没落、穀物の不作などの情報は、文字どおり金と関係している。しかしビジネス関係者は伝統的に最新ニュースに飢えているが、電信からは思ってもみなかったものを得ることになった。

以前は1カ月かかっていたニューヨークとシカゴの間もほぼ瞬時にメッセージが伝わり、国内外の市場は情報の流れが増加して活気づいた。競争に勝とうとするビジネスでは新しいテクノロジーを取り入れるしか選択の余地はなかった。その結果、ビジネスのテンポはもう後戻りできないほど加速され、それが現在まで続いている。それが新しい予期せぬ問題も引き起こした。1868年にニューヨークのビジネスマンのW・E・ドッジが演説の中で「陸軍、海軍、外交、科学、文学、新聞が電信に特別の興味を示しているが、商人だって同じぐらい興味を抱いている。しかしそれは純粋に喜ぶべきこととはまだ言い切れない」と言っている。

ドッジによれば、電信以前にはニューヨーク市場で国際取引をする商人は、海外の取引先から毎月1、2回情報をもらっていたが、それは着いたときには数週間前のものだった。それに合わせて国内市場も毎年半期ごとに2回顧客が集まってきて、夏と冬の期間に滞在して勘定書を調べて将来の計画を立てたものだ。「比較的、楽な時代だった」とドッジは言う。

「しかしいまではすべてが変わってしまい、電信が多くの人が言うように本当に商人にとって友人たるものかが疑わしくなっている。いまでは世界の主要市場の報告が毎日届き、そして顧客も常に電報からの情報にさらされている。商人は毎年何本かの大きな船積みをこなすのではなく、いつも行動していなくてはならず、常に仕事を何倍もしなくてはならない。離れた場所の相手といつも連絡し合わなくてはならず、数年前は数ヵ月前の船積みの結果しかわからなかったのに現在は数週間前だし、投資した商品の収益もその値がきちんとわかるので、それが届く前に転売してしまう。おかげで常に興奮状態にあり、静かに休む間もない」。

「商人は忙しさや興奮に満ちたその日の仕事を終え、家族と遅い夕食を取りながら仕事の話を忘れようとしている。すると急にロンドンからの電報で中断され、多分それはサンフランシスコで2万バレルの小麦粉を買えというような指令で、商人はかわいそうなことに大急ぎでカリフォルニアに注文のメッセージを送るために、さっさと夕食を済ますのだ。いまの商人は常に暇なしで、急行列車など遅くて仕事には使えず、かわいそうなことに家族の生活を保障するために、電信を使うしかないのだ」。

電信によって供給される情報は、商人にとってはすぐ習慣化するドラッグのようなものだ。ある場所から他の場所まで商品を運ぶ鉄道と相まって、情報が瞬時に提供されることでビジネスのやり方は劇的に変わった。

あっという間に、商品の価格や配達の速度のほうが、それらがどの地方の産物であるかより大事なことになった。小売業者は潜在的な供給者や市場をいくつも抱え、自分の商圏を広げて、手紙で何日もかかる相手とも直接取引できるようになった。生産者と消費者が仲買人なしに直接取引できるようになり、小売業者や農家や製造業者は仲介なしにもっと競争できる値をつけて卸しに払う手数料を節約できた。生産者は不確定な事態に備える必要が少なくなることで在庫を圧縮し、原料は発注をすればすぐに補充できた。電信と商売は一緒に組んで栄えた。「電信は郵便と同じぐらい広く商売で使われるようになった」と1851年にウォール街とボストンを結ぶ回線の監督官は述べている。

初期にネットワークがまだ届かない地域は、実際に損していることに気づいた。「電信は商用取引の基本的な手段となった」と1847年に『セントルイス・リパブリカン』紙は書いている。「回線が存在する場所での商売はそれで運営されており、その次第から言って、セントルイスの商人とビジネスマンはもうそれがなくては他の地域の商人と勝負できない。蒸気機関が商売の手段なら、電信がもう1つの手段だ。郵便を使って電信に対抗するのは、古い平底船で蒸気船に対抗して商売して成功しようとするようなものだ」。

同じ年にビジネス・ジャーナリストのJ・D・B・デボウは『コマーシャル・レヴュー』に「ビジネス用の電信によって速報が簡単に届く、ほとんど信じられないような時代になった。電信を使うことによって毎日、ビジネスマンが先んじることができる。これを継続的に使えば郵便では2〜4週間かかった仕事も1日で済み、他の方法では交渉に長い時間がかかってまるで利益の生じなかった商品の仕入れや販売もできるようになる」と書いた。

米国ではすぐに大陸全土に電信と鉄道網が広がることで、電信の商売に対する影響力は最大限に達した。「商売が広大な地域に拡散して1つの商業地と他が何千マイルも離れている国では、電信の効用は他に例を見ない」とデボウは断言している。

ヨーロッパでは電信は公共事業と見なされており、電信企業はビジネスと一般の利用のバランスを維持しようとした。その結果、ネットワークの社会的な利用は米国よりも進んでいた。ガーディナー・ハバードという作家は、米国の電信システムは「異常なまでにビジネス偏重で、通信の80%はその関連のものだ……電信のマネージャーはビジネス顧客が最速で最良のサービスを求めていることを知っており、料金を下げるより早く配達することに注力している。つまりヨーロッパと米国の電信システムの大きな違いは、ヨーロッパでは第一義的に社会的な通信として使われ、米国ではビジネスマンによってビジネスのために使われているという点だ」と表現した。

しかしヨーロッパでも電信はビジネスに取り込まれていた。例えば英国では漁師と魚の商人がその日の漁獲量を連絡し合ってその日の市場価格を決めていたが、これは商品が傷みやすい性質を持っているため、非常に意味のある使い方だった。アバディーンでは魚商人は販売中に、中央局から魚市場に通じる気送管経由の電信で来た注文を受け取っておくことができた。また同じ商品を扱っている市同士、例えば鉄を扱うグラスゴーとミドルズボロウは電信で密接に結ばれていた。主な都市の証券取引所はロンドンの中央証券取引所と結ばれており、そこからヨーロッパの他の都市や世界の各取引所とつながれていた。電信は世界的に広く生産が行われている商品に可能性をもたらした。それは綿やトウモロコシの価格をリヴァプール、ニューヨーク、シカゴなどの間でやり取りするのに使われた。また金属市場、船の仲買、保険などの世界的なビジネスにも使われた。

ビジネスと電信は離れがたく結びついていた。1878年にある作家は「地球にあるすべての国で、文明国の至る所で、人間の言葉があるところならどこでも、また商売の市場があるところ、暖炉が赤々と火を放ち人の技能を生かした機械がうなりを上げて稼働し人間のための工業がある場所でなら、電気的な回線が紡ぐ世界的なネットワークが彼らのさまざまな言語で生活の鼓動を伝えている」と書いた。

電信に依存する企業やビジネスでの利用が増えるに従い、電信企業は儲かるようになった。1870年にはその相互依存関係はかなりのものになり、当時米国でほぼ電信企業として独占状態にあったウエスタン・ユニオンのウィリアム・オートン社長が議会の委員会で証言したところによると、電信の通信量が経済指標としても有効なほどのレベルに達していた。

彼の言葉では「電信は商売に依存して成り立っている。それは商売の神経系だ。私のオフィスに来て20分間いていただけたら、米国のどの場所のどの時間のビジネスの状況もお見せできる。昨年の西部の穀物ビジネスには活気がなく、その結果、この地域からの電報の受信が25％落ちた。昨年の南部のビジネスは月を追って少しずつ良くなり、この地域からの電信の収入は南北戦争以来のいちばん強い繁栄の基調を示している」となる。

オートンの証言はまた、彼の会社がどれほど支配的だったかを物語っている。同社は今日のファストフードのチェーン店のようにフランチャイズ方式を取っており、フランチャイズ化した鉄道会社の職員何千人かを間接雇用していたため、1つの会社の手に強大な力が集中しすぎるという声が広く上がるようになっていた。1880年にはウエスタン・ユニオン社は全国の80％の通信量を取り扱っており、巨額の利益を上げていた（当然のことながら同社はほぼ独占状態にあることをいいことだと考えていた。進歩など望む気のないオートンは、ライバル企業との競合は邪魔になり、「電信ビジネスの統一性や速報力を妨げ……一般の人がどこでも直接的に信頼性の高い通信を行うことを担保できなくなる。電信は何種類もの課金で高くなるばかりか、各地域会社の回線の終端で何度も写しを作って再送信するために不必要な時間の遅れが生じる。またその上、幹線部分では競合する複数の回線ができることによる重大な弊害が生じる。それはビジネスの量が増えないままに支出が増えるということだ」と主張した。ウエスタン・ユニオンは同社の独占状態は、標準化を促すことにもなり、すべての人の興味にかなうものだと言い張った。1871年に発行された社内報では「電信の独占状態に対する非難が出ているのは、このビジネスが主に1つの大きな組織で運営されるべきであるという不可避な法則のもたらした結果である」と宣言されている)。

ヨーロッパのほとんどの国では、電信は開始時から政府の支配下にあり、英国では電信を行う私企業は公的な規制のもとに運営され、1869年には郵便省に吸収された。1つの組織が国中のネットワークを制御することは、実際は非常に理にかなっている。例えば英国では、それを実現するために統一した「ニックネーム」のシステムが導入された。この方式を使うと、企業や個人が、誰もが簡単に送信できるための「電信用アドレス」として特別の名前をつけることができた。その名前は郵便で使う住所より短くて覚えやすかったし、1885年以降は料金体系が変更されて、(本来の)長い住所に送る場合には高い料金がかかるようにもなった。電信用アドレスは早い者勝ちで割り当てられ、各町の電信局にはこのアドレスをアルファベット順に並べ、郵便用の住所と対照する台帳が備えられた。1889年には郵便省に3万5000以上のアドレスが登録され、アドレスの維持費に毎年払われる料金がかなりの収入になった。

電信用アドレスは、ビジネスが電信の革新に対して追加料金を払うかどうかの1つの例になっている。電信交換局から大きな会社の郵便室や政府のビルには個別の専用線が引かれ、おかげで電報の送受信が早くなり、この方式はどんどんと人気が出てきた。また1870年代からは、いくつかの支社を持つ大企業が専用線を使った社内通信を始めたが、こうすれば社内は無料で通信でき、本社から集中的に全社を制御できるようになる。それが今日の大企業のような、階層型の大企業や金融機関の興隆の先駆けとなった。

情報を欲しがる顧客へ電信会社が展開した特別な割増料金のサービスには、定期的なニューズレターの発行がある。加入者となった会社は、主な朝刊のニュースの要約や最新の市場価格をまとめたレポートを定期購読することができた。しかし顧客の中には、日に1、2回の商品価格の情報では足りず、もっと頻繁に情報を求める会社もあった。こうしたより頻繁な情報更新の要求に応えるため、継続的に流れる情報をそのままずっと吐き出す株式相場表示機ができた。

市場が不確実な時代には、投資家は金《ゴールド》に逃げ場を求める。米国の南北戦争時には国債による赤字が膨らみ、戦後に紙幣発行量が増え続けることで1860年代には金への需要がどんどん高まった。金の価格が他の商品の価格を決めるので、その小さな価格変動がビジネス界に与える影響は大きく、早くて正確な情報が求められた。

ウォール街の証券取引所には金専門の「ゴールド・ルーム」が作られ、そこでは金の最新価格が常に黒板に書かれていたが、地域の商人はメッセンジャーを送って黒板の数字を拾うのに手間がかかった。そこで金取引市場の責任者で片手間で発明もしていたS・S・ローズ博士は、もっと洗練されたシステムが必要だと考えた。ローズはジョセフ・ヘンリーの下で電気について学んでおり、回転式のドラムに数字が書かれた電気式の「金表示機」を作り上げた。この表示機はゴールド・ルームの壁の高い位置に備えつけられ、金の価格が細かく変動したとき数値を上げたり下げたりする2つのスイッチで制御された。このスイッチは、ゴールド・ルームの外の通りから見えるもう1つの表示機も制御していた。金の価格が上下すると、表示機はその動きを追いかけた。

これによってゴールド・ルームの中の混乱は収まったが、地域の商人は引き続き金の価格を知るために、通りから見える表示機の数値を読むのにメッセンジャーを使わなくてはならなかった。ある会社は12～15人も雇って、彼らが押し合いへし合いしながら日々証券取引所まで行っては最新の価格を持ち帰っていた。

ローズは同じスイッチで2つ以上の表示機を動かせることに気づき、表示機を商人や仲買人のオフィスに直接取りつけてそこから利用料を取ろうと考えた。金の価格をこの方法で送る権利を確保した上で彼は証券取引所の仕事を辞め、1866年末までに彼の金表示

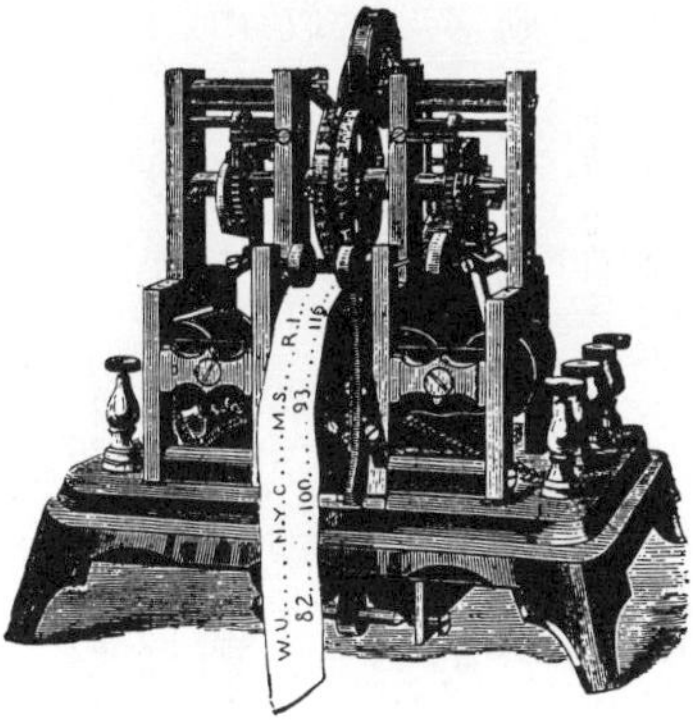

初期の株式相場表示機

機会社は50の顧客を擁し、それらの表示機はすべて、ゴールド・ルームの中央制御スイッチから一直線につながれて運用されていた。

1867年にはE・A・カラハンという電信オペレーターが、別の原理で動く改良型の表示機を考案した。カラハンは雨を避けようとある証券取引所のビルに入ったところ、大声で叫んでいるメッセンジャーの一群に巻き込まれ、そのときにこのアイデアを思いついた。「私は自然とこうした雑音や混乱は減らせるのではないかと考えた。訓練されたベテランのオペレーターがいなくても操作できる、電信のようなシステムを使って価格情報を提供できるのではないかと思った」と回想している。しかしすぐに彼はローズに先を越されたことを知り、自分のデザインを変えて、2つの車輪に紙テープを渡してそれにどんな数の株式でも価格の変動をずっと連続的に印刷して記録するものにした。1つの車輪はテープに文字を打ち、もう1つが数字を打つようにし、それぞれが中央取引所からの3本の線で制御された。カラハンの発明ではカタカタいう音が出るので、それはすぐに「ティッカー（ticker）」という愛称で呼ばれるようになった。すぐに彼はニューヨークの金融街で何百もの契約を取り、彼の発明は大成功を収めた。

しかし株価の表示機は幸と不幸をもたらした。「カチカチ鳴る小さな機械の音で、人は突然喜びや絶望の淵に立たされる。しかしそれを非難するとするなら、それが経済的な鼓動を地道に読んで記録するという米国の精神ではなく、投機のために使われたということだ」とある作家は書いている。あるボストンのビジネスマンはもっと率直に、「そのテープに記録された文字や数字は少ないものの、それらは数知れない方法で破滅をもたらす」と嘆いている。

1869年、当時21歳だったトーマス・エジソンがニューヨークに仕事を探しにやってきた。彼には泊まる場所もなかったが、電信会社のコネで、ローズ博士の金表示機会社の電池室の床で寝ることができた。以前に株価表示機を考案していたがうまくいかなかった経験を持つエジソンは、ゴールド・ルームの中央制御システムと表示機が動いている原理をすぐさま理解した。ある日、制御システムが急にすごい音を立てて壊れた。金の価格は送られなくなり、ローズ博士のシステムを使う300人以上もの顧客があわててメッセンジャーを送り、証券取引所で何が起こっているのかを探りにきた。

「2分もしないうちに100人しか入れない部屋に300人以上の若い男たちが押し寄せ、あれやこれやの仲買商の回線が動かないのですぐに直せと叫び始めた。それは地獄のような騒ぎだった」とエジソンは後に回想している。彼は制御機のところに行って問題の箇所を探った。機械のどこかのバネが外れて2つのギアの歯車の間にはさまって、回らなくしてしまったようだ。「私が責任者に問題の箇所について報告しにいったところに、ローズ博士がやってきた。博士は責任者に原因を質問したが、彼は言葉を失っていた。そこで私は思い切って、悪い箇所がわかっていると申し出た。彼は〝早く直せ！　直すんだ！〟と叫んだ」。エジソンはバネを引っ張り出して機械を元に戻し、それからすぐにすべては元に戻った。

次の日にエジソンはローズ博士のところへ行き、もっとデザインを簡単にして壊れにくくするための改良点をいくつも提案した。それに感心したローズはエジソンにすべての運用を任せ、毎月300ドルの給料を払った。その時点で金もなく失業中だったエジソンにとって、それはすごい儲けだった。

その後少しして、ローズの会社はカラハンの会社と合併したので、エジソンは自分の会社を始めることにした。彼は以前にローズのところで働いていたフランクリン・ポープという若い技術者と一緒になって、電信専用線を引いてはプロ向けの電信機器を取りつける仕事を始めた。彼らはまた回線が通常の３本ではなく１本しか要らない独自の株価表示機を考案し、貿易商や両替商に金と英貨の価格だけを通常の表示機よりもはるかに安い値段で提供する商売を始めた。しかしついにはこの会社もカラハンの会社に吸収され、ゴールド・アンド・ストック・テレグラフ社という名前になった。

エジソンの才気はすぐにゴールド・アンド・ストック・テレグラフ社の社長であるマーシャル・レファーツ将軍の目に留まり、彼の発明を使う権利の代わりに研究資金を出してくれることになった。両者ともそれで得した。エジソンはすべての時間を発明に費やすことができ、彼の作った機械で会社は他社に確実に勝つことができた。エジソンは後にもっと進歩した株価表示機を考案しており、これには途中で動きがおかしくなった場合に仲買人のところに技術者を送らなくても、中央局から元の状態に戻せる巧みな装置を組み込んでいた。レファーツはこうした発明が他人に勝手に利用されないように、エジソンに直接特許料を現金で払うことにした。彼は４万ドルを用意したが、この額はエジソンの予想をはるかに上回っており彼は失神しそうになった（エジソンは大金に慣れておらず、それは彼が小切手を現金化したとき、意地悪な銀行の窓口にすべて小額紙幣で渡されたことからもわかる)。

エジソンはあっという間に、貧乏から脱け出して経済的に独立するようになった。彼は大きな作業場を借りて、50人の従業員に株価表示機や他の機器を作らせた。彼は品質にはうるさく、あるとき従業員を作業所に閉じ込めて、大量の株価表示機が「完全に動くまで」働かせたというエピソードもある。彼の改良型株価表示機は、米国の主要な都市やロンドンの証券取引所でも使われるようになった。

今日ではエジソンはまず蓄音機と電球の発明で名前が挙がるが、彼の電信の経験と株価表示機の改良が、発明家としての経歴を可能にする経済的基盤をもたらしたのだ。

しかし皮肉なことに、彼や他の発明家が考案した改良が、結果的に電信やその周りのコミュニティーを衰退させた。ある個別のテクノロジーの上に築かれたどんな産業も、新しい発明によって廃れる危険にさらされているのだ。

第11章 衰退と転落

地球を取り巻く高速道路を創設したのは電信回線だ。

——サミュエル・モールスへの賛辞
「電信の父」(1871年)より

1871年の6月10日に、セントラルパークで歓声を上げる人々に囲まれて、サミュエル・モールスの銅像が公開され、スピーチが行われ、この日のために作曲された「モールス・テレグラフ・マーチ」が高らかに演奏された。この銅像はモールスに感謝する世界中の電信オペレーターからの寄付で作られたもので、80歳の彼は電信の父として称賛された。モールスは以前からこの称号をとても嫌っていた。

彼の発明は世界中で使われていたものの、モールスは最初驚くほど報われていなかった。なるほど彼は1847年には(ニューヨーク州の)ポキプシーのハドソン河畔の200エーカー（約81万平方メートル）の土地に、ローカスト・グローブと名づけたイタリア風の別荘《ヴィラ》を建てるほどの収入は得ていた。次の年には、妻が死んで23年経った年に、57歳で30歳年下の女性と再婚している。地元の電信会社は彼の書斎まで専用線を引き、彼の友人の１人の言を借りるなら、モールスは「自分の紡いだ巨大な巣《ウェブ》の中央にいる強大なクモのようだった。ここで彼は世界を牛耳っていた」となる。

１８５０年代までのモールスは経済的には良い状態にあったものの、彼の発明の権利を侵害する人々に悩まされた。彼は電信の特許権の保有者として、米国内ではこれを利用するどの会社からも特許権使用料を得る権利があったが、電信の爆発的な需要の拡大に対応しようと急に増えた何十もの会社はほとんどそれを無視していた。彼らはその代わりに、モールスと特許権で争っていたライバルたちが考案していた、ちょっとデザインの違う機器を使っていた。数多くの科学者や発明家がうじゃうじゃ出てきては、モールスより前に実用的な電信を作っていたとか、彼のデザインに寄与していたとか主張した。続いてすぐにこれを最初に発明したのは誰か、つまり特許権を持っているのは誰かをめぐっての論争が起き、モールスは間もなく以前一緒にやっていたゲールやヴェールとも疎遠になり、一連の金と時間のかかる法的な争いに巻き込まれていった。

この件は結局１８５３年に最高裁まで持ち込まれた。最高裁では電信の最初の頃から実用化までのすべての側面について考慮し、モールスの発明にはそれ以前の他の人々による発明や発見が必要だったことは明らかになったものの、最高裁判事のロジャー・タニーは、モールスのようにジグソーパズルの断片を組み合わせるのに成功した人はいなかったので、これらの事実がモールスの業績を損なうものではないと述べた。彼が電池を発明したわけではなく、電磁気を発見したのでもなく、長距離通信に合った電池の正しいつなぎ方を考案したのでもないが、これらを組み合わせて実用的に動く電信機を作ったのは彼が最初だというわけだ。モールスが他の人から受けた助言は、この発明とは無関係だと宣言された。タニーは「研究中に科学者に問い合わせたり、助言や情報をもらったりしたことは、発明の性格からいって彼の権利を損なうものではない。幸運にも偶然発見する以外に、この種の情報なしにこうした発明をすることは誰もできない。モールスが必要な情報を求めて入手したことや、よく知る関係者に相談するなどの行動を取った事実は、彼の発明者としての権利を損なったり利益を減じたりするものではない」と明言した。

最終判決は明白な形で「遠方から書き、印刷し、記録することは、モールス以前には決して発明されず、完全なものにもならず、実用的に動くものとはならなかった」と述べた。モールスの特許は受理され、電信の唯一の発明者とされ、各電信会社は結局、彼に対して特許権使用料を払うことになった。

それにもかかわらず、モールスは米国政府からは何も公に表彰されることはなかった。それとは対照的に、彼が長年を過して回ったヨーロッパでは称賛され表彰もされた。1851年にモールスの装置はヨーロッパの標準装置として採用され、他の方式（クックとホイートストンの考案した針式の電信機）が広く普及していた英国でさえ、モールスのシステムの明快な簡便さが評価されて徐々に広まっていった。実際に1856年にロンドンで開催されたモールスを称える式典を主催したクックさえ、モールスのシステムの優位性を喜んで認めた。彼は「数カ月前にまだ電信がまったく導入されていない国から相談を受けたが、私はモールス教授のシステムを薦めた。私はこのシステムこそが世界で最も簡便なものの1つで、確実で普遍的なものであると信じている」と述べている。

ヨーロッパ各国からモールスに対して山のような表彰が行われた。ナポレオン3世からはレジオンドヌール勲章、プロシアとオーストリアからは科学的功績に対する金メダル、スペインのイザベラ女王、ポルトガル国王、デンマーク国王、イタリア国王などからもメダルを贈られ、トルコのスルタンからはダイヤモンドがちりばめられた栄誉賞ニシャン・イフティシャーを授与された。彼はまたパリの工業アカデミー、フランスの歴史協会、また奇妙なことにベルギーの考古学協会までと、多くの科学、芸術、学会などの名誉会員に推挙された。

しかしヨーロッパの国々はモールスを電信の発明者として式典を行って栄誉を称えたものの、彼には特許使用料を払っていなかった。というのも彼は1838年から1839年まで自分の発明の宣伝のために各地を回っていて、ヨーロッパでの特許を取得する暇がなかったのだ（唯一の例外はフランスで、モールスの特許が成立したのだが、国の運営する電信会社により無視されて発明が勝手に無料で使われていた）。モールスはこの不合理をパリの駐仏米大使に訴え、その結果1858年には、フランス、オーストリア、ベルギー、オランダ、ピエモント、ロシア、スウェーデン、トスカナ、トルコなどの国々や地域がモールスの機器の利用台数に合わせて供出した、総額40万フランス・フラン（当時の約8万ドルに相当）を受け取ることになった。

こうした公的な表彰に直面した米国では、特に電信のプロたちが、モールスが祖国で軽んじられていると感じていた。そこでウエスタン・ユニオン社の電信局のマネージャーだったロバート・B・フーヴァーが、米国の電信関係者でモールスを称える銅像を作るよう提案した。この計画は1870年4月1日の『ジャーナル・オブ・ザ・テレグラフ』誌で紹介され、ウエスタン・ユニオンのウィリアム・オートン社長がすぐに支援をすることが決まった。全国からの寄付が速やかに集まり、その熱狂に賛同した世界各国の電信関係者も寄付を行った。

翌年になって銅像の除幕式が行われ、ニューヨークの音楽アカデミーで大規模な祝宴が開催され、多くの賛辞のスピーチが続いた。電信とその発明者は世界中の人たちを1つに結び合わせ、世界平和を推進し、商業を革命的に躍進させたと称賛された。電信は「人間の思想の領域を拡大した」とされ、ジャーナリズムや文学のレベルを高め、「人類の長年の歴史が明らかにしてきた、地球を支配する最大の道具となった」と書かれた。スピーチ以外にも、聖書からの引用や、電信を称える下手な詩も披露された。白い髭をたたえてまるでサンタクロースのような老人になったモールスは、「真の天才」「米国最大の発明家」などとして紹介されるばかりか、もちろん電信の父とも呼ばれた。

そして最後に午後9時になった時点で、米国中の回線がモールスのただ1つのキーにつながれて、彼が自ら創始したコミュニティーに別れを宣言した。「世界の電信の同胞たちの愛に挨拶し感謝する。地球の平和をもたらす神に至上の栄光を。人々に善き望みを」というメッセージを熟達したオペレーターが送信すると、その後に歓声に包まれたモールスがその操作用のテーブルに座り、オートンの指示であたりは静まりかえった。あたりが完全な静寂に支配されると、モールスが自分のサイン「S・F・B・MORSE」と打ち込み、あたりはまた総立ちになって歓声を上げた。そして拍手や歓声が止むと、オートンが「電信の父がその子どもたちに別れを告げた」と言った。

1871年6月10日に、電信の父と称賛されるサミュエル・モールスが電信のコミュニティーに別れを告げる

その夜はそれからもずっと、米国のあらゆる地域や、ハバナ、香港、インド、シンガポール、ヨーロッパなどの世界各地から電信を通してネットワークにお祝いのメッセージが溢れた。人々は列を成して、モールスに握手を求めた。その催しが深夜になって終わると、空にはオーロラのような光が現れたとされる。

この祝いの日と、モールスの電信を通した別れの挨拶に喚起された熱狂は、まさに電信の絶頂期を示すものだった。当初の当惑や懐疑にもかかわらず電信は勝利を収めたが、それからのテクノロジーの進歩によって、電信とその周りのコミュニティーは、荒廃していく不可避な運命に虚しく逆らうことになる。

最初の変化が見えたのは、1870年代に電信会社が熱心に自動電信を広め始めたことだ。熟練したオペレーターを介さないでメッセージを送信できる機械としての自動電信はかなり古くからあったが、利用頻度の高いネットワークの送信量が増大してくると、人間のオペレーターより高速に信頼度の高い送信が行える機械への期待がいやがうえにも高まった。

最も初期の自動電信機は、モールス符号を一般人が覚えるのはたいへんだと考えた発明家が工夫して作ったものだが、比較的使い勝手が悪いものだった。誰もが使える電信機として最も成功したのはホイートストンが1858年に特許を取ったABC電信機だった。それは回転する針が文字を指す円形の文字盤が2ついた機械で、上の文字盤は受信したメッセージを示し、下の文字盤は送信用で回りにいくつもボタンがついていた。メッセージを送るにはまず、文字のすぐ横のボタンを押してから針をその位置まで回す。ボタンが押されているので針がいきすぎないで済む。そして回線に電気のパルスが流れると、相手方の装置の上の文字盤の針が送ったのと同じ文字を指し、同時に受信していることがわかるようにベルを鳴らした。このABC電信機は「コミュニケーター」という名前で知られており、オペレーターが要らないことから英国の何千もの専用線で1対1の通信用に使われた。それはビジネスマンや国の官僚が利用し、その中にはスコットランドヤードの警察長官もおり、本人が「首都と同じ広がりを持ったクモの巣の主のように」構えて、ロンドン全域からやってくる報告書を待っていると表現している。また王室の一族もそれぞれ専用線を持っていた。

もう1つの有名な自動システムは、ケンタッキーの音楽教授のデイヴィッド・ヒューズが考案したものだった。1855年に出たヒューズの（電信）印刷機は、音楽の素養をうまく生かして、文字に対応した白黒のピアノの鍵盤のようなキーボードがついていた（現在使われているQWERTY配列のキーボードが発明されたのはその20年後）。それの動作原理はABC電信機と同じようなものだったが、ぜんまい仕掛けで常に回転している「チャリオット（馬車）」が、送信側のキーが押されるとそれに対応した文字のところで止まる仕組みになっていた。それと同時に電磁石で動くハンマーによって、紙テープにその文字が印刷された。ヒューズの印刷機は文字のキーをきちんと押せば誰でもが読める文字が印刷されるので、受信側にオペレーターも必要なく、誰でも使うことができるものだった。最初のデザインは未熟で技術的制約から近距離間でしか使えなかったが、後の改良で長距離でも使えるようになり、英国、フランス、イタリア、スイス、オーストリアやプロシアなどでも使われるようになった。

それらのシステムは使いやすかったが、経験豊かな電信オペレーターの手にかかるほど早くは動作しなかった。またモールスの機器とは互換性がないための制約もあった。しか

ホイートストンの自動電信機。メッセージはあらかじめ紙テープにパンチされ、テープを機械に読み込ませると、高速でモールス符号を送信した

し1858年にはホイートストンが、事前にパンチしたテープを使ってモールス符号を高速に送信できる自動電信機の特許を取った。これは最高毎分400語を送信できるもので、いちばん優れた人間のオペレーターの10倍の速度であり、人間を完全に代替するものだった。受信側では標準のモールス式印刷機が短点や長点の形でメッセージを打ち出し、それを通常どおり文字や数字に変換していた。もちろん送信の前にメッセージをテープにパンチする手間があるのだが、これはモールス符号をそのままキーで叩くより簡単な作業で、長いメッセージは事前にいくつかに分けて複数のオペレーターがそれぞれの段落を並行して打って、後でつなぎ合わせるといったこともできた。

ホイートストンの自動電信機は、カードにパンチされた穴で決められた模様を織ることのできるジャカード式織機とよく比較されたが、これはまさに「電気式ジャカード」とも言えるものだった。ホイートストンはこの機械のデザインを改良し、それが1867年以降には広く利用されるようになった。特に鮮度が勝負のニュースの伝送には威力を発揮した。自動電信機は確かに高速で、1886年のある夜には、150万語もあるウィリアム・グラッドストン首相によるアイルランドのホームルール法案が、ロンドンの電信局からホイートストンの電信機100台によって送られた。また自動電信機は1本の電信回線で送られる通信量を劇的に増やしたため、料金はそれまでの文字数単位ではなくテープのヤードあたりの長さで課金されるようになった。

それ以上のネットワークの容量強化は、1本の回線で双方向の通信を行う2重通信方式によってもたらされた。送信機が送り出した信号を同じ側の受信機が受信しないようにする研究は1853年からずっと行われており、オーストリア国立電信のウィルヘルム・ギントルが考案したものがあるが成功しなかった。1872年までには電気理論が劇的に進歩し、ボストンのジョセフ・B・スターンズが2重通信方式の装置を作って特許を取得した。つまりそれによって電信会社は急に、1本の回線の両端に特別の装置をつけるだけで2倍の通信量をさばくことができるようになり、装置一式の価格は新たにもう1本の回線を引くより大幅に安かったのでかなり節約ができるようになった。

一方フランス人はいつものごとく独自の方式で事を運んでいた。仏逓信省《ていしん》のジャン＝モーリス＝エミール・ボードは電信回線にもっと信号を送れる革新的な自動電信装置を考案した。それぞれの回線の両端に同期式の分配器のアームがついていて、1本の回線を4台から6台の機器で共有できた。この方式ではモールス符号は用いず、各文字をプラスかマイナスの5つの2進数をセットにした符号で表現した。2重通信方式と併用すれば1本の線で12本相当の通信量を扱うことができた。ボードの端末の前に座ったオペレーターは、5つのキーがついたピアノの鍵盤のような装置を和音を弾くように押し下げて、次々と符号を送り出す。分配器のアームが回転して、それぞれのオペレーターが使えるように順次切り替わり、そのときにキーがそのまま（マイナスのパルス）か、押されている（プラスのパルス）か、で区別された5つのパルスが流れるようになっていた。典型的な分配器のアームは毎秒2～3回の割合で回転し、各オペレーターは1回転中の決められた瞬間だけ使えるようになっており、同期を取ることが重要だった。回転の最初に出るカチリという音を使って、オペレーターはほんの一瞬のタイミングを捉えた。受信側では電磁気を使った巧みな装置が、パルスの流れをメッセージに変換して紙テープにアルファベットで打ち出した。

ボードの電信機は回線ごとに最大12台の装置をつけて、それぞれが毎分30語を送れたので、1つの回線の実効伝送容量は毎分360語だった。しかしボードの端末を使うのは正確な同期を取らなくてはならない非常に神経を使う作業で、実際には平均的に3分の2の速度しか出せなかった。しかし受信側にオペレーターが不要なため、ボードの方式では熟練したオペレーターの数を送信側だけの、半分にすることができた。

同じ年にエジソンは、スターンズに最初の2重通信方式の発明で後れを取ったものの、4重通信方式を発明した。その名前から想像がつくように、1つの回線で4本の通信を可能にするもので、基本的には2重通信方式を2つ併用したものだった。その秘密は同じ方向に同時に2つのメッセージを送るところにあり、電流の方向と大きな電流値の変化に敏感に反応する一組の装置を使っていた。2重通信装置と同じ理由で4重通信装置はあっという間に普及した。新しい回線を3本追加するより、回線の両端に装置をつけるほうが格段に安かった。その結果、「クアッド（quad：4重）」と呼ばれたこの装置のおかげで、ウエスタン・ユニオン社は年間の回線建設費用を50万ドルも削減できたと言われている。

こうした新しいテクノロジーを組み合わせることで、電信会社は建設や熟練労働にかかるコストを削減できた。つまり運用コストを圧縮してネットワークの運用効率を最大限に持っていく競争が起こっていたのだ。1883年のある調査では、あらかじめパンチしたテープを使った自動電信によって人件費が劇的に下がり、熟練を要さないオペレーターは訓練されたモールスの装置のオペレーターの4分の1の人件費で済んだとされる。

たゆみないテクノロジーの変化によって、電信の仕事は緻密な学習による高い技量を必要とする職業から、誰もができる技量の不要な職業になった。それに従って業界の関心は、技能の高いオペレーターからハイテクの装置に移り、電信関係の雑誌の論調も変化した。ユーモアいっぱいの話や電信をテーマにした詩は回路図などに代わり、ただ機械を操作する少数派相手ではなく技術者や管理者向けの長い解説記事へと置き換えられた。自動電信の利用が増えるに従って電信のコミュニティーは侵蝕され、そしてもう1つの新しい発明がとどめの1発を喰らわせた。

2重や4重方式の発明によって正しい電気的な方策を取れば、1本の回線が2本から4本分の働きをするようにできることがわかった。しかしもっと効率を上げることはできないのか？　4重通信方式を改良したものを作れば、電信会社は巨額のコスト削減ができるので需要はある。そこで多くの発明家が、1本の回線でもっと多くの通信量を扱える方法を見つけようと研究を重ねたことは、別に驚くべきことではない。

何人かの発明家が取り組んでいた技術の1つに「ハーモニック」電信がある。人間の耳

ハーモニック電信に取り組んだ発明家のエリシャ・グレー。彼の仕事は電話の発明に寄与することになる

は違う周波数の音を聞き分けられる。そしてそれぞれの音が違うリズムで演奏されていれば、音楽的な感性の鋭い人なら、大騒ぎする群衆の中から誰かの声を分離できるように、1つの音以外を「無視」することができる。ハーモニック電信はそれぞれ違う周波数の出る一連のリードを使った方式だ。リードを使って発生させた電気信号を組み合わせて回線に送り込むが、受信側では元のリードと同じ周波数のものしか反応しないことを使って音を分離する。モールスの電信でならこの各リードの振動を開始したり止めたりして、短点や長点の信号を発生することができる。

ハーモニック電信に取り組んでいた1人のエリシャ・グレーは、こうした方法で1本の回線で16本のメッセージを一緒に送れると考えられるデザインをした。しかしこの方式でテストしてみると、

電話の発明者アレクサンダー・グラハム・ベル

6本の信号しか安定して送れなかった。けれどもグレーはいつかこの方式を改良できると自信を持っていた。

　もう1人のハーモニック電信の研究者にアレクサンダー・グラハム・ベルがいた。1875年の6月2日に実験をしていた際に、リードの1本がつっかえてしまい、助手のトーマス・ワトソンがそれを元に戻そうといつもより強い力で引っ張った。ベルは回線のもう一端にいてリードの音を聞いていたのだが、ブーンという間違いなくリードの震える音がした。これは彼が送信しようとデザインした単純な音より、はるかに複雑な音だった。彼は自分の装置を改良すれば、ただの電信よりずっとすごいことができると気づいた。人間の声を含むどんな音でも、回線を使って1つの場所から他の場所まで送れる方法に偶然行きあたったかに思えたのだ。

ベルは何ヵ月かかって実働する試作機を作った。1876年2月14日に、グレーが同じ目標を目指していることが明らかになった時点で、ベルはまだ音声をきちんと伝送するのに成功していないにもかかわらず特許申請をした。彼の申請による特許は3月3日に発効し、聞き分けられる人間の声を送るという決定的な実験にはその1週間後に成功した。その後数ヵ月にわたって改良を重ね、彼の新発明である電話は世界に踏み出す用意ができた。

最初の頃の電話は、電信を改良したただの「話す電報」と見なされ、まるで別のものとは考えられてはいなかった。ベルの1876年の特許の題も「電信の改良」であり、英国の投資家向けの資料の中では電信の一種として紹介されていた。「他の電信装置は専門家によって翻訳が必要な信号しか出せず、そのために応用の範囲が非常に限られてしまう。しかし電話は実際に話す」と彼は書いている。グレーの弁護士は、（ベルの）電話はハーモニック電信の実現というはるかに重要な競争の副産物にしか過ぎないと助言したので、彼はともかく最初はベルの電話の特許の効力について異議は述べなかった。しかしすぐに後悔することになる。

電信という形態に対する電話の優位性は明らかで、そのことは新たにできたベル電話会社が1877年5月に出した初の電話の広告の中にも明確に述べられている。「熟練したオペレーターは要りません。第三者の仲介なしに、直接的に言葉で会話できます。コミュニケーションはもっと迅速になり、標準的なモールスのサウンダー電信機が毎分15から20語を送るのに対して、電話では100から200語になります。その運用や管理や修理にもいっさい費用はかかりません。電池も複雑な機械も必要ありません。経済的にも、簡単な機構という点でも優れたものなのです」。

電話はすぐに成功を収めた。1877年6月の末までには230台の電話が使われていたが、翌月には750台になり、その1カ月後にもさらに増えて1300台になった。1880年までには世界で3万台の電話が使われるようになっていた。

一方で新しい電気的な革新の雄として、大きなビルでは電気放電をガス灯の代わりに使うことも始まっていたが、それは電話が当初ただの電信の改良版と見なされていたような扱いを受けていた。しかし1879年にエジソンが白熱電球を発明し、照明から電車やエレベーターまでがすべて電気で動くようになると、電信は電気の1つの応用で、その時点ですでに古いものになってしまったことが明らかになった。電信から始めたエジソンだったが、それを放棄した後は電力関係に関心を切り替え、家庭に電気を供給できる効率のいい発電機やその利用を管理する電気メーターの発明を行った。

1880年代には電気で動くものすべてにブームが起き、電話は急速に普及し、電信はもうテクノロジーの最先端ではなくなった。「過去50年の間に時代は変わり、今度は電信が若く活力のあるライバルの手によって脅かされるようになった。電話にはすばらしい未来が待っていることは間違いない」と1885年の『商工ジャーナル』は書いている。その頃には、電信関係者は自分たちがただの機械になり、この職業に就く人の質が低下したとこぼすようになった。「この職業の性格がまったく変わってしまった。もうそれは正確で統一的に動く機械がなければ、一般の関心に奉仕したりその産業自体の健全な発展を維持したりできなくなってしまった」と『ジャーナル・オブ・ザ・テレグラフ』は嘆いている。

しかし電信の運命の変化を最も明快に示しているのは、新しい電気や電話のテクノロジーの興隆に強い関心を示し追っていた電信関係の雑誌が、題名を変更したことだ。『テレグラファーズ・アドヴォケート』は『エレクトリック・エイジ』に、『オペレーター』は『エレクトリカル・ワールド』に、『テレグラフィック・ジャーナル』は『エレクトリカル・レヴュー』に誌名を変更した。テクノロジーの絶え間ない進歩で、電信のコミュニティーは、その習慣やサブカルチャーとともにしぼみ衰え始めていた。

第12章　電信の遺産

いまはどうだい、古手のテレグラフ
おまえの古い塔のてっぺんで
墓標のようにうらぶれ
玉石のように静かだ

――ギュスターヴ・ナドーの詩「古きテレグラフ(Le Vieux Télégraphe)」を著者が翻訳

モールスは電信に影を落とす発明の誕生を見ることはなかった。彼はニューヨークの印刷所《プリンティング・ハウス》広場《スクエア》に建てられたベンジャミン・フランクリンの銅像の除幕式を行うことを引き受けたが、その日はかなり寒く、式に出た彼はかなり体を弱らせた。何週間かして彼が病床に伏せったとき、医者は彼の胸を指で叩きながら「教授、医者はこうやって電信を打つんです」と言った。モールスは微笑んで「それはけっこう、けっこう」と返した。それが彼の最後の言葉となった。彼は1872年4月2日にニューヨークで、81歳で死去し、グリーンウッド墓地に埋葬された。彼は死の直前には50万ドルの資産を持っており、これはかなりの額と言えるが、彼の発明に従って電信の帝国を作った企業家が集めた儲けよりは少ないものだった。しかしそれでもモールスには十分な額で、思うまま慈善事業に寄付したり、「聖書と科学の関係」を論じる講師のための寄付も行ったりした。

異論もあるかもしれないが、アマチュア科学紳士の伝統は彼とともに消えた。電信は、好奇心と発明のセンスとひたむきさを持ち合わせたモールスとクックという2人に端を発し、それが基盤を築く時代に入るとトムソンやホイートストンのような科学者の理論的な支援を得て、ついには普通のビジネスマンの領域で十分に安定し利益を出し予測可能な産業にまでなった（エジソンも表面的にはモールスやクックと似ているように見えるが、彼はアマチュア科学者ではなかった。彼がしっかりと電気理論を理解していなかったら4重通信を考案することなどできなかったろう。こうした素養はモールスやクックには欠けていた）。

ホイートストンは1875年に死んだが、多くの表彰を受け、さまざまな電信の特許からかなりの財産も得ていた。モールスのようにレジオンドヌールのシュヴァリエ章を受章し、大西洋ケーブルの成功によって1868年にはナイトに叙せられた。彼が死ぬまでに受けた勲章を箱に入れると30センチ角の箱にいっぱいになったが、それでもクックとの反りは合わないままだった。ホイートストンは王立芸術協会のアルバート勲章の受章を拒否したが、それはクックにも与えられていたからで、ホイートストンは彼と同列に扱われることに憤慨したのだった。彼は引き続き科学者として特に光学、音響学や電気の分野に興味を持ち続け、裕福で尊敬される人物として生涯を終えた。彼の電信以外の革新で有名なものは、立体鏡《ステレオスコープ》とコンサーティーナ（アコーディオンのような楽器）があるが、現在では学生に有名なのはホイートストン・ブリッジだろう。これは電気抵抗を測定する方法なのだが、よくあることながら、彼の発明ではなく、彼はその普及に手を貸しただけだった。

他方のクックは最初は有望だったのにその後は目立つこともなく、ホイートストンが同列に扱われることを嫌った理由もわかる。彼はエレクトリカル・テレグラフ社が１８４５年に設立された当時からそこの職員となり、１８６９年にこの会社が英国政府の支配下に入るまで働き、同年ナイトを授与された。しかし彼はすぐに経済的に困窮する。採石場を買うために、電信の特許を売った金を一握りの不成功に終わった新しい発明に注ぎ込んだのだ。その中には、石や石版を切る機械や、遠隔操作で開け閉めできるドアがついたロープで牽引する鉄道などがあり、後者はロンドンの地下鉄用に応募したものだったが採用されなかった。ウィリアム・グラッドストン首相は、彼の苦境を知らされて、最高額にあた

初期の電話交換

る年額100ポンドの年金を支給した。しかしそれでは借金漬けのクックを救済することはできなかった。彼のホイートストンとのライバル関係はホイートストンの死まで続き、その葬式に参列したクックは奇妙なことに、電信の発明やその後のホイートストンの役割について非常に的確に述懐している。彼は浪費を続けたまま1879年に死去した。

1880年代後半には電話は大流行していた。発明から10年経った1886年には世界で25万台の電話が使われていた。初期の技術的課題だった音質の低さや長距離電話、効率的な操作法や自動交換などは、19世紀末にはエジソン、ヒューズ、ワトソンなどによって解決されており、世界中で200万台の電話が使われるようになっていた（ベルは自分の発明の改良にはほとんど手を貸さず、電話の成功が確実になると、興味を航空に移していった)。

１９０１年にヴィクトリア朝が終わったとき、電信の最盛期は過ぎ去っていた。電話は米国の10家庭に1台の割合で、国中に順調に普及していった。１９０３年には英国の発明家のドナルド・マレーが、ホイートストンとボードの方式の自動電信のいいところを一緒にして1台で動くようにし、それにタイプライターのキーボードをつけることでそれがすぐにテレタイプへと進化していった。それは電話のように誰でもが扱えるものだった。電信関係者は最盛期には高給取りだったが、熟達した情報関係者としての時代は過ぎ、魔法のような最先端のテクノロジーをマスターしたエリート集団という身分も、あっという間に終わった。20世紀になってすぐ、電信の発明家たちも亡くなり、コミュニティーは滅び、黄金時代は終焉を迎えた。

電信はいまでは視界から消えてしまったが、それから発展した電話、ファックス、最近のインターネットまでの通信技術の中に生きている。そして皮肉なことに、現代の通信手段の典型的なものとされるインターネットが、電信の子孫の中でいちばんの共通点を持っている。

インターネットは電信網のように、相互に結ばれたネットワークを介して非常に遠くにいる人同士が通信できる（一般名詞としてのインターネットはまさに、相互に結ばれたネットワークの一団を示す言葉だ）。共通の方式やプロトコルによって、どんな種類のコンピュータ同士でもメッセージを交換できるという点は、電信がある種類の機器（例えばモールスの印字機）から他の種類の機器（例えば気送管）へ容易にメッセージを送れるのと同じだ。電子メールがあるメールサーバーから送信先の他のメールサーバーへと渡っていくのは、電報が次々と電信局を伝っていく姿にそっくりだ。

現在のモデムやネットワーク用機器は、初期の電信の技術、例えば原始的なシャップの光学式のシステムを髣髴とさせる。コンピュータ同士が毎回8ビット、いわゆる1バイトの情報を交換する様は、200年前の（6枚を強化した）8枚のシャッターがついた電信が通信しているようだ。現代のコンピュータは、いろいろな組み合わせを言葉に対応させる符号表ではなく、各文字を送るために別の合意したプロトコルを使っている。この方式はアスキー方式（ASCII：American Standard Code for International Interchange）と言われ、例えば「A」は「01000001」というパターンで表現されるが、その原理は本質的に18世紀後半からのものと変わらない。同様にシャップのシステムは、伝送の速度を速めたり遅くしたりするためのものや、途中で意味不明になってしまった情報を再送してもらうようリクエストする特殊なコードを持っていたが、今日のモデムにも同じものがある。モデムが使うプロトコルは、ＩＴＵ、つまり１８６５年に国際電信を規制するために設立された機関によって決定されたものだ。このＩＴＵという略号は、当初はInternational Telegraph Unionだったものが、現在はTがTelecommunicationへと変更されている。

もっと衝撃的なのは電信とインターネットが社会に与えた影響が似ている点だ。新しいテクノロジーに対する一般の反応は、両者とも熱狂と疑惑の混じったものだった。多くのヴィクトリア朝の人々が電信を国家間の行き違いをなくし世界平和の時代へ導くものと信じたように、現代のメディアは、インターネットをわれわれの生活を変容させ改善する新しい手段だと、山のような賛辞を報じている。

いくつかの主張は奇妙なほど似ている。１９９７年にＭＩＴ（マサチューセッツ工科大学）のコンピュータ科学のマイケル・ダートウゾス教授が書いた『これから――いかに新しい情報世界はわれわれの生活を変えるか』（邦題『情報ビジネスの未来』伊豆原弓訳、ティビーエス・ブリタニカ）の中では、インターネットのようなデジタル・ネットワークにおける「コンピュータ支援平和」についての展望が書かれている。彼は「電子的な近接性を通して培われた共通の絆が、将来のいざこざや民族的憎悪、国家的破綻を食い止める助けになるかもしれない」と提案している。１９９７年11月の会議でＭＩＴメディアラボのニコラス・ネグロポンテ所長は、インターネットが国境を壊し世界平和に導くと明快に宣言した。彼の言葉によると、未来の子どもは「ナショナリズムとは何かをわからなくなる」とされる。

似ていることはまだまだある。詐欺師が電信を使って送られる株価や競馬の競争結果を操作して不正に儲けようとしたのと同じく、20世紀の詐欺師はインターネットに正規の金融サービス機関を偽った「店の受付《ショップ・フロント》」を開設し、投資家志望者から金をいただいて姿をくらますのだ。あるいは、ハッカーは安全なはずのコンピュータに侵入してクレジットカードの番号リストを持ち出してしまう。

電信網の安全性が不十分だと心配した人と同じく、インターネットでもその解決法として暗号を使った。電信網で商用符合が盛んに使われたように、インターネットに送信する前にファイルを圧縮したりメッセージを暗号化したりするソフトも広く使われている。そしてITUが電信における暗号利用を制限し設定したように、現代の多くの政府がインターネットで利用できる暗号について、その複雑さに制限をつけるという同じ措置を取ろうとしている（ITUの例では、電信で利用できる暗号の言葉の種類を制限することはできないとし、最終的には制限を放棄したことは明記しておく必要があろう）。

もっと簡単な例では、電信とインターネットが独自の俗語や略号を使ったことが挙げられる。電信ではプラグ（plug：耳栓）、ブーマーやボーナスマンといった言葉が使われたが、インターネットではサーファー、ネットヘッド、ネティズンなどというさまざまな言葉がある。個人のサインには電信でもインターネットでも、同じく「sig」という言葉が使われる。

また似ているのは、新参と古参の確執だ。都市部の局に勤める高い技能を持った電信オペレーターは、遠い村のどうしようもなく不器用なオペレーターに堪忍袋の緒が切れたが、同じことが1990年代に一般大衆がオンラインの世界になだれ込んだときにも起きた。彼らはインターネットで何年も培われてきた伝統や習慣に無知であり、古参からすれば信じられないほどばかげていたり、うぶに見えたり、無礼な行為をしかねなかった。

しかし衝突やライバル関係がオンラインで起きていたように、ロマンスも生まれていた。新しいテクノロジーがもたらすロマンスの可能性へのあこがれは、19世紀も20世紀も同じで、オンライン結婚は電信でもインターネットでも行われた。1996年にはスー・ヘールとリン・ボトムズがシアトルで10マイル離れた牧師によって結婚式を行ったが、それは120年前にウィリアム・ストレイとクララ・コアーテが電信を使って650マイル離れた牧師を介して結婚した話を髣髴とさせる。また、どちらのテクノロジーも、男女間に問題を起こすと名指しで非難されている。1996年にはニュージャージーの男性が、妻が、ある男とだけ露骨なメールを交換しているのを発見して離婚の申し立てをしたが、これは初の「インターネット離婚」として広く報じられた。

初期の懐疑論が収まると、ビジネスマンが最も熱心な利用者になった点は19世紀の電信も20世紀のインターネットも同じだ。ビジネスはいつでも、専用線や付加価値のある情報が市場競争での優位を提供する限り金を払う用意があった。インターネットのサイトでは定期的に株価やニュースの見出しを掲示するが、それは100年以上前に株価表示機や通信社が送っていたものだ。そして電信がビジネスのペースを加速しひずみを生んだように、今日ではインターネットが情報過多と非難されている点も同じだ。

電信はまた新しいビジネスのやり方として、大きな会社が本社を中心にして全体をコントロールするという方式を促進するきっかけとなった。今日ではインターネットがまた、テレワークやヴァーチャルオフィスといったトレンドを通して、人々の仕事の仕方を再定義するものとして期待されている。

電信とインターネットは、技術的な土台や社会的インパクトの両面で驚くほど似ている。しかし電信の歴史はもっと深い教訓を含んでいる。電信こそは遠くの人々を結びつける力を持った万能な方法とされた最初のテクノロジーだったのだ。世界を変える潜在力を持っていることから、電信は世界的な問題を解決するための手段として歓喜をもって迎えられた。もちろんそのことには成功しなかったが、われわれは他の新しいテクノロジーにもずっと同じ望みを託してきた。

1890年代には電気推進派は、電気が手作業による単純労働を一掃し、豊かで平和な世界をもたらすと主張した。20世紀の最初の10年には、飛行機にも同じような期待が寄せられた。海外旅行が迅速にできるようになれば、文化や考え方の違いが一掃されると主張された（ある解説者は飛行機の時代は「平和の時代」になる。それは空中からの攻撃に弱い軍隊が時代遅れになるからだと言った）。同じようにテレビは教育を進歩させ、社会的な孤立を減らし、民主主義を強化すると期待された。原子力は電気が「あまりに安くて課金できない」ほど豊かな時代を先導すると考えられた。現在インターネットに寄せられる楽観的な主張は、150年前に大西洋横断ケーブルの時代にあったテクノロジーによるユートピア主義の最新の事例に過ぎない。

電信がここまで広く万能な方策と考えられたことも理解はできる一方で、われわれがいまだに同じような間違いを繰り返していることは少々理解に苦しむ。皮肉なことに、電信はユートピア的な主張を実現するのに失敗したとしても、それが世界を変容させたことは事実だ。それはまた、われわれの新しいテクノロジーに対する態度を決定的に再定義した。その両方の観点から言って、われわれはまだ電信の創設した新しい世界に生き続けているのだ。

エピローグ

インターネットをめぐる期待や懐疑、当惑、また新しい形の犯罪の発生や社会的慣習との軋轢、ビジネスのやり方の再定義といった現象は、電信の発明によって引き起こされた希望、恐れ、誤解などを鏡に映したように似ている。ともかく、それらは起こるべくして起きたもので、テクノロジーというより人間の本性から直接的に生じたものなのだ。

新しい発明があると、いつでもそのいい点ばかりを見ようとする人がいるが、その一方で犯罪や金儲けの新しいチャンスだと思う人もいる。21世紀にも新しい発明が生まれれば、まるで同じような反応が起きることになるだろう。

こうした反応は、自分の世代が歴史の最先端に浮かんでいると考える、「クロノセントリシティー（chronocentricity）」とでも呼べる考えによって助長されている。現在のわれわれは繰り返し何度も、コミュニケーション革命の真只中にいると言われてきた。しかし電信は多くの点で当時の人々にとっては、今日の進歩したコミュニケーション技術よりもずっと多大な混乱をもたらすものだった。世界が革命的に小さくなった驚くべき時代の嚆矢《こうし》はいつの世代かと考えると、それはわれわれではなく、祖先にあたる19世紀の人々なのだ。ヴィクトリア朝の人がタイムトラベルをして20世紀の末にやってきたとすると、明らかにインターネットには感動しないだろう。彼らはきっと、この現在グローバル・コミュニケーション・ネットワークとして大いに吹聴されているものより、宇宙旅行や海外旅行が日常的に行われていることに、より関心を寄せるだろう。ヴィクトリア朝時代の人々は、空気より重い飛行機械を作ることは、ともかく絶対に不可能だと考えた。しかしインターネットに関して言うなら、それはすでに自分たちのものだったのだから。

新版あとがき

もうすべてが過去のものとなった150年も前の時効の話をもとにインターネットの本を書けば、その後に起こった出来事によって話が書き換えられたりおかしくなったりする危険はない。本書を執筆していたのは主に1997年の間だが、この版も初版と内容は変わっていない。当然のことながら、インターネットに関してはその後も大きな変化があり、90年代後半の楽観主義的な見方は2000年のネットバブル崩壊で吹き飛んでしまったものの、ブロードバンドは普及し、オンライン取引や広告による新しいネットビジネスの成長で、多くの会社の業績が回復した。そしてこの10年間にさまざまな出来事があったものの、インターネットと電信の類似点に変化はなかった。

インターネットが成長し続けたことは当然のことだったが、不思議なことに電信も話題に上った。1844年にサミュエル・モールスが最初に打った公式の電文「神はなにをなしたもうか」で始まった米国の電信の歴史は、2006年になってもっと俗な調子の「2006年1月27日をもって、ウエスタン・ユニオン社はすべての電報と商用メッセージング・サービスを終了します。ご不便をおかけすることをお詫びするとともに、長年のご愛顧に感謝いたします」という言葉で打ち切られた。私は他の多くの人と同様に突然の終了に衝撃を受けたが、電子メッセージを迅速に安価に送れる便利なサービスがこれほど氾濫している時代に、電報がここまで生き延びたということにも驚いた。

10年前には電子メッセージといえば特に電子メールのことを指していたが、この間に起きた奇妙なことといえば、モバイル機器間でテキストをやり取りするかたちで電報が再生したということだ。最初はヨーロッパの10代の若者たちの間で、料金の高い携帯電話で話す代わりに使われたが、それが彼らの間で新しいコミュニケーションのメディアとして認知され、さらには世界中に普及していった。2006年には世界中で約1・3兆通のテキスト・メッセージがやり取りされ、このテクノロジーの受け入れに比較的奥手だった米国でも、同年には1580億通がやり取りされている（電子メールの総量はもっと多く、2006年に送られたスパム・メールを除いたメールの数は9兆通に達する）。

以前の電報のように、テキスト・メッセージの利用では人々は短く要点をついた表現をせざるを得なくなり、おかげで「c u 18r（18時に会いましょう）」というような、文字を節約した言葉が広まっていった。電報の時代とそっくりなのはこれだけではない。ノキアのモバイル端末では、メッセージがやってくると、短音3回、長音2回、短音3回という3つの着信音が連続した音を鳴らすようにセットできる。これはテキストのメッセージング・サービスを指す「SMS（short message service）」という専門用語をモールス符号で表現したものだ。これにはサミュエル・モールスも喜ぶことだろう。事実上、もう存在しない19世紀のテクノロジーが、21世紀のテクノロジーに乗り移ったようなものだ。死んでも、電報は永遠なれ！

しかし携帯電話は、電信の後継者ということにとどまらない。インターネットに接続できるモバイル端末が多様化するにつれて、パソコンの後継者にもなりつつあるのだ。実際、携帯電話とインターネットの関係は、それがネットをより簡単に広く使えるようにしたという点で、電話と電信の関係に似ている。

電信は自らの子孫によって置き換えられる運命にあり、特に当初は電信を少々改良しただけのテクノロジーと見なされた電話（「話す電信」と呼ばれた）は、結局はずっと一般的なものとして普及した。電信はまた株式情報のティッカー、テレタイプ機器や電信を使って絵を送れる初期のファックスへと広がっていった。これらの専用装置はすべて、電信のテクノロジーを目的別に特化した変種だ。これと同じことが、現在のインターネットでも起きており、アクセスはパソコンだけではなく、ネットにつながる音楽プレーヤーやゲーム端末、テレビのセットトップボックス、ハイファイのオーディオ装置など、用途に合った個別の装置で行われるようになっている。

これらの中では、携帯電話やブラックベリー端末などの成長がいちばん著しい。先進国では携帯電話より先にパソコンが普及したが、新興国ではその順番が逆になっている。インドのマネジメント専門家《グル》C・K・プラハラードが言うように、「これから進展するのはパソコン・セントリックではなくワイヤレス・セントリック」なのだ。携帯電話はすでに世界中で25億台を超えており、世界の最も貧しい地域でも急成長している。携帯電話が電信によって始まったテレコミュニケーションの民主化を完成させようとしているのだ。

トム・スタンデージ

2007年4月

謝辞

この本を書くことを可能にしてくれた以下の多くの人々に感謝したい。(会った順に)私の妻カースティン、チェスター、アジーム・アザール、『デイリー・テレグラフ』のベン・ルーニーとロジャー・ハイフィールド、オリバー・モートン、バージニア・ベンツとジョー・アンデラー、カティンカ・マトソンとジョン・ブロックマン、ジョージ・ギブソン、ジャッキー・ジョンソン、C&Wアーカイブのメアリー・ゴッドウィン、ラヴィ・ミーチャンダーニ、ジョージ・カメロン=クラーク。

参考文献

以下に挙げる本や研究誌以外に下記の出版物も参考にした。*Electrical World* (New York)、*Journal of Commerce* (New York)、*Journal of the Telegraph* (New York)、*Scientific American* (New York)、*The Times* (London)。

Anecdotes of the Telegraph. London: David Bogue, 1849.

Babbage, Charles. *Passages from the Life of a Philosopher.* London: Longman & Co., 1864.

Blondheim, Menahem. *News over the Wires: The Telegraph and The Flow of Public Information in America, 1844 – 1897.* Cambridge, Mass. and London: Harvard University Press, 1994.

Bowers, Brian. *Sir Charles Wheatstone.* London: HMSO, 1975.

Briggs, Charles, and Augustus Maverick. *The Story of the Telegraph.* New York, 1858.

Clarke, Arthur C. *How the World Was One.* London: Victor Gollancz, 1992.

Clow, D. G. "Pneumatic Tube Communication Systems in London," Newcomen Transactions, pp. 97-115, 1994-95.

Coe, Lewis. *The Telegraph, a History of Morse's Invention and Its Predecessors in the United States.* London: McFarland, 1993.

Congdon, Charles. *Reminiscences of a Journalist.* Boston: James R. Osgood & Co., 1880.

Cooke, Sir William Fothergill. *The Electric Telegraph: Was It Invented by Professor Wheatstone?* (Mr. Cooke's First Pamphlet; Mr. Wheatstone's Answer; Mr. Cooke's Reply; Arbitration Papers and Drawings.) London: W. H. Smith & Son, 1857.

Corn, Joseph J., ed. *Imagining Tomorrow: History, Technology, and the American Future.* Cambridge, Mass.: MIT Press, 1986.

Dertouzos, Michael. *What Will Be. How the New World of Information Will Change Our Lives.* London: Piatkus, 1997.

Du Boff, Richard B. "Business Demand and the Development of the Telegraph in the United States, 1844-1860," *Business History Review* vol. 54, pp. 459-79, 1980.

Dyer, Frank Lewis, and Thomas Commerford Martin. *Edison: His Life and Inventions.* New

York: Harper and Brothers, 1910.

Gabler, Edwin. *The American Telegrapher—A Social History.* New Brunswick: Rutgers University Press, 1988.

Headrick, Daniel R. *The Invisible Weapon.* London: Oxford University Press, 1991.

Holzmann, Gerard, and Bjorn Pehrson. *Early History of Data Networks.* Los Alamitos, Calif.: IEEE Computer Society Press, 1995.

Hubbard, G. *Cooke and Wheatstone and the Invention of the Electric Telegraph.* London: Routledge and Kegan Paul, 1965.

Kahn, David. *The Codebreakers.* New York: Macmillan, 1967.

Kieve, Jeffrey. *The Electric Telegraph: A Social and Economic History.* Newton Abbot: David and Charles, 1973.

Lebow, Irwin. *Information Highways and Byways: From the Telegraph to the 21st Century.* New York: IEEE Computer Society Press, 1995.

Marland, Edward Allen. *Early Electrical Communication.* London: Abelard-Schumann, 1964.

Marvin, Carolyn. *When Old Technologies Were New: Thinking About Electric Communication in the Late Nineteenth Century.* New York and Oxford: Oxford University

Press, 1988.

Morse, Samuel F. B., and Edward Lind Morse. *Samuel F. B. Morse: His Letters and journals, Edited and Supplemented by His Son Edward Lind Morse.* Boston: Houghton Mifflin, 1914.

Prescott, George B. *Electricity and the Electric Telegraph.* London: Spon, 1878.

Prescott, George B. *History, Theory, and Practice of the Electric Telegraph.* Boston, 1860.

Prime, Samuel Irenaeus. *The Life of Samuel F. B. Morse.* New York: Appleton, 1875.

Reid, James D. *The Telegraph in America and Morse Memorial.* New York: Derby Brothers, 1879.

Shaffner, Tal. *The Telegraph Manual.* New York: Pudney and Russell, 1859.

Shiers, George, ed. *The Electric Telegraph—An Historical Anthology.* New York: Arno Press, 1977.

Spufford, Francis, and Jenny Uglow, eds. *Cultural Babbage.* London: Faber and Faber, 1996.

Thompson, Robert L. *Wiring a Continent. The History of the Telegraph Industry in the United States, 1832-1866.* Princeton: Princeton University Press, 1947.

Turnbull, Laurence. *The Electro-Magnetic Telegraph.* Philadelphia: A. Hart, 1852.

F. H. Webb, ed. *Cooke, Sir William Fothergill: Extracts from the Private Letters of the Late Sir William Fothergill Cooke, 1836-39, Relating to the Invention and Development of the Electric Telegraph.* London: E. & F. N. Spon, 1895.

Wilson, Geoffrey. *The Old Telegraphs.* London: Chichester Phillimore, 1976.

訳者解説

インターネット30周年を祝うイベントが開かれていた1999年頃、ネット関連の会議などで頻繁に話題に上る本があった。それは、その前年に出版された本書『ヴィクトリア朝時代のインターネット (The Victorian Internet)』という不思議なタイトルの本だった。これを読んだ関係者が、「たかだか数十年の歴史しかないとされるインターネットだが、実はそのルーツは19世紀にまで遡ることができるんだ!」と胸を張っていたことを思い出す。「インターネットの父」と呼ばれ、69年の最初の実験にも加わり、現在はグーグルのチーフ・インターネット・エヴァンジェリストという肩書きを持つヴィントン・サーフ氏もこの本を絶賛し、2008年に日本国際賞を受賞した際のスピーチでも言及している。「ネット業界のカルトな古典」とまで言われ、英国ではテレビ番組も作られたこの本の邦訳が、やっとここに出ることとなった。

もちろん、「ヴィクトリア朝時代のインターネット」と言っても、19世紀にはわれわれの知っているインターネットがあったわけではなく、本書はいわゆる「電信」に関する本だ。だが電信といっても、いまではその姿を知る人はほとんどいないだろう。電信を使って文書を送り届けてくれる電報は誰もが知っており、電子メールが普及する前は手紙より早く連絡をとる手段として一般的だったものの、現在では押し花や刺繍のついた台紙で届けてくれる、主に慶弔に関するメッセージ配信のサービスとしてしか残っていない。

その原理はしごく簡単で、簡単に実験して確かめることができる。電池と電線、電磁石やランプとスイッチをつないで回路を作り、スイッチを入れたり切ったりすれば磁力が発生したり消えたり、ランプが点滅したりする。そのオンとオフのパターンを決めておけば文字を送ることができるというものだ。電線を延ばしていけば、より遠くに送ることができ、いわゆる一般的な電信になる。しかし線を長くすればするほど電気抵抗が高まって、送り先で検出できる電圧が低くなり、オンとオフをより高速で繰り返すと波形がどんどん崩れて見分けにくくなる。19世紀の初頭には、まだ電池が発明されたばかりで、電気というものの性質が明らかになっておらず、多くの先人たちが苦労を重ねながら、より遠くに早く情報を伝えられる実用的なシステムを作っていったのだ。

初期の電信のサービスでは、送りたい要件を書いて窓口まで持っていくと、オペレーターがそれをモールス符号（短い信号のトンと長いツーの組み合わせ）に変換してキーをたたき、その電気信号が途中の電信局で中継されながら目的地まで伝わっていった。実は現在のインターネットも同じ原理で動いている。プロバイダーのメールサーバーに入ったメールの本文は、モールス符号ではなくアスキー符号のかたちで、人手ではなくコンピュータのソフトで変換され、インターネットの通信プロトコルで各所のサーバーを経由して目的地のメールサーバーまで届く。しかし仕組みは同じで、人手で行っていた部分がすべてコンピュータ化されただけと考えられないこともない。

ただ、現在の電報にあたるメールなどでは、窓口にメッセージを持っていくのではなく、個人がパソコンやケータイ、モバイル端末などでキーをたたいて、それをソフトが符号に変換しているし、メッセージの受け取りも個人が端末で行い、利用者同士が直接通信している。電信の全盛期でも、端末を自宅に置いてメッセージをやりとりした人はほとんどおらず、政府や企業、特殊な立場にいる人しか直接使うことはできなかった。結局電信は、間に他人の手を介するわずらわしさもあり、自宅に端末を置いて直接声でやりとりできる電話にその地位を譲らざるを得なくなった。それでも緊急時の信書のやりとりをする電報サービスや、ビジネス向けに経済情報や気象情報を確実に送るため、また電子的に自動化されたテレタイプを使ったテレックスなど、電信の発展系と考えられるサービスは20世紀には確実に利用が続き、その機能をコンピュータに置き換えたパソコン通信の先駆者となった。日本では現在もファクシミリを用いた電子郵便（レタックス）なども併用されてはいるものの、ネット時代に取扱量は激減し、米国で独占的に電報サービスを行ってきたウエスタン・ユニオン社は、2006年にサービスを廃止してしまった。もはやネット時代に、電信は過去の栄光しかない懐古趣味的な存在でしかないように思える。

ところが、そこで話は終わっていなかった。実は最近の電子メールの普及のおかげで、電信や電報の持っていた文字通信の力が復活していたのだ。メールはキーをたたく煩わしさがあるものの、声でやりとりするより確実に情報を交換でき、記録しやすくて検索もしやすい。インターネットの前身のARPAネットが始まったとき、ほとんどの通信量を占めていたのは、友人同士が近況を報告しあうメールのようなショート・メッセージの機能だったという。パソコン通信時代を経て、その発展形である電子メールやSMSによって文字通信が復活したのだ。その機能を応用して作られ、誰もが簡単に情報を発信して共有できるツイッターやフェイスブックなどのソーシャルメディアを、電信文化が一般化して開花した究極の姿だと考える人もいる。

本書では、こうした電信とインターネットのテクノロジーとしての類似性ばかりか、それを使う人々の振る舞いや、それによって引き起こされる社会現象までもが驚くほど似ていることが指摘される。電信のオペレーターが日々の通信をきっかけに交際して結婚に至る、現在の「ネット婚」のような話があったり、電信の内容を盗み見する人がでてきて暗号が開発され、それをまた破ろうとするハッカーのような人たちがでてきたりする。電信によって、現場の情報が担当者より先に本国に伝わり、外交官や戦地の指揮官が混乱する。世界中に即時に情報が伝わることで、世界平和の実現が早まったと誰もが期待する。そう、19世紀にはすでに現在のネット社会を予言するような動きが始まっていたのだ!!

本書の舞台となるヴィクトリア朝時代は、20世紀のテクノロジー社会の先駆けになるような驚くべき時代だった。電信のネットワークが広がったのは、産業革命の結果できた蒸気機関を使った鉄道の路線に沿ってだった。情報ばかりか、それに伴う人や物資の移動も、それ以前の時代とは比べものにならないほど高速化され、人々はスピードに酔いしれた。同じ時代にベルトコンベアやエレベーターができ、石油の機械採掘とガソリンエンジンの発明が自動車に発展し、写真や映画、電話や蓄音機や電球が発明され、それ以前には考えられなかったようなテクノロジーの進化が現実のものとなっていた。主に本のかたちでしか行われなかった出版は、電信によって日々大量に印刷物を届ける近代の新聞を生み出し、これを使ってプロ向けインターネットとも言うべき通信社を生み出した。リンカーンは電信を積極的に利用して南北戦争に勝利した。そして電信は、自然や社会に関する基本的な考え方も大きく変えた。ダーウィンが進化論を唱え、人類は神によって創造されたのではなく、サルと同じ種類の生きものが自然の摂理で変化しただけだと説き、産業革命で虐げられた労働者を見たカール・マルクスが『資本論』を書いた。まさにこうした激動の時代に、電信による世界レベルの情報の伝達や共有が、すべての革新の背景として機能していたのだ。

新規のテクノロジーによって新しいメディアが生まれたとき、人はその可能性に歓喜するのと同時に、それが社会と起こす軋轢に戸惑う。まさに現在のインターネットもそれと同じ状況にあるのだろう。どれほど便利になるのか？　と実用性だけを論ずるのでは、それが持つ本当の意味を理解することは難しい。むしろ、それがなぜ生み出される必要があり、人間や社会がどういう影響を受けたかに目を向けるほうが、実りの多い論議ができるだろう。人はなぜもっと遠くに早く情報を伝えたかったのか？　それは本書にも書かれているように、郵便しかない時代に、愛する妻の最期に立ち会えなかったサミュエル・モールスのエピソードに集約されているような気がする。テクノロジーを動かしているのは、人間本来の気持ちだ。そして電信というインターネットの祖先が引き起こした変化の中に、人間本来のメディアに対する感性の本質が見え隠れしていると言える。そこには、歴史のアナロジーという手法を得意とする著者の力量がいかんなく発揮されている。

現在は誰も気にしていない電信の歴史を掘り起こし、生き生きとしたエピソードをふんだんに取り入れて現在のインターネットの意味を探る著者のトム・スタンデージ氏は、かなりの歴史通でテクノロジーにも詳しいベテラン作家のように思えるが、実は本書がデビュー作だ。１９６９年英国生まれで、オックスフォード大学で学び、現在は『エコノミスト』誌サイトのデジタル編集者で、同誌の発行する季刊『テクノロジー』誌の編集者でもある。最新のネットサービスやモバイル関係の記事を書き、『ガーディアン』『ニューヨーク・タイムズ』『ワイアード』などにも寄稿している。またＢＢＣでコメンテーターとして登場し、各地で講演をいくつもこなし、自身のブログ（tomstandage.com）やツイッターでも積極的に発言している。最近は『エコノミスト』に書いたコラムが、日本の雑誌で紹介されていることもあり、氏の動きに注目している業界人も増えているだろう。

そしてスタンデージ氏は本書の後に、①『The Neptune File』（２００１年、海王星発見のドラマ）、②『The Turk』（２００３年、チェスを指す機械人形の謎）、③『A History of the World in Six Glasses』（２００５年、飲み物から探る世界の歴史）、④『An Edible History of Humanity』（２０１０年、食べ物から見た世界の歴史）と4冊の本を立て続けに出版し、現在はソーシャルメディアのアイデアの源泉を歴史に求める本を執筆中だ（追記：『Writing on the Wall : Social Media–The First 2,000 Years』として2013年に刊行された)。『ニューヨーク・タイムズ』のベストセラーにも選ばれた③についてはすでに翻訳『世界を変えた6つの飲み物』(新井崇嗣訳、インターシフト、2007年=『歴史を変えた6つの飲物』楽工社、2017年)があり、その軽快で示唆に富んだ語り口に共感を覚えた読者も多いだろう。②についてはすでに本書と同時に、同じくNTT出版から拙訳で出版されている(『謎のチェス指し人形「ターク」』)。

平易で読みやすく、歴史的事実をサスペンス小説のようにストーリー化して盛り上げていく本書の翻訳に困難はほとんどなかった。しかし、この本のメインテーマに関する言葉については、ここで述べておく必要があるだろう。本書では、電信の前身となったシャップの腕木通信から電信に至るまでのすべての試みを「テレグラフ(telegraph)」という言葉で表現している。もともとこの言葉は、シャップの腕木通信が発明されたときに使われたもので、その後に現在の電信にあたるものが出現したときには最初は「電気式テレグラフ」と呼ばれたが、現在の電信を指す場合は単純にテレグラフが用いられている。本書ではそれらの区別が必要な場面では、電気式以前のものを「テレグラフ」と表記し、実用化した電気式のシステムやサービスを「電信」とし、それらの間の実験段階のものは「電気式テレグラフ」や文脈上わかる場合は「テレグラフ」と表記した。またテレグラフが電報サービスを指す場合は、「電報」と訳した。

今回の翻訳を行うにあたっての参考文献としては、専門的な著書としては『歴史のなかのコミュニケーション』（デイヴィッド・クローリー＋ポール・ヘイヤー編、林進＋大久保公雄訳、新曜社、1995年）、『やさしいメディア技術発達史読本』（山川正光著、日刊工業新聞社、1990年）などを使った。一般向けの著書としては、『腕木通信』（中野明著、朝日新聞社、2003年）、『モールス電信士のアメリカ史』（松田裕之著、日本経済評論社、2011年）、『メディアの近代史』（パトリス・フリッシー著、江下雅之＋山本淑子訳、水声社、2005年）、『エレクトリックな科学革命』（デイヴィッド・ボダニス著、吉田三知世訳、早川書房、2007年＝『電気革命』新潮文庫、2016年）などが役に立った。また一般向けではないものの、現在の国際的な通信分野の標準化機関であるＩＴＵ（本書に述べられているように、最初は各国の電信を相互に接続するための機関だった）が1965年に100周年を記念して出した『腕木通信から宇宙通信まで』（翻訳版は旧国際電信電話刊で、原題は「From Semaphore to Satellite」）は、図版も豊富で当時の状況を理解するのに非常に役立つ文献だった。

＊

最後になったが、本書の出版に至る過程について記しておく。海外でも評価が高いこの書を日本でも多くの人に読んでもらいたいと思っていた訳者は、出版から10年以上が経っても翻訳が出されないことに不満を覚え、自分で手掛けようと旧知のNTT出版に持ち込んだ。かつては「日本電信電話公社」として、現在も電報サービスを続けるNTTの子会社として、これほどふさわしい出版社はないと考えたからだ。出版のための権利取得の段階では、訳者の以前の翻訳本の担当もしていただいた牧野彰久氏にいろいろ手を尽くしていただき、牧野氏が異動された後は柴俊一氏に編集を担当していただいた。装丁は以前の拙訳『デジタル・マクルーハン』（ポール・レヴィンソン著、NTT出版、2000年）も担当していただいた松田行正さんにお願いし、この時代とモダンなテクノロジーの雰囲気が融合したすばらしいデザインとなった。お世話になった方々に感謝するのと同時に、この本が現在のネット時代の理解に少しでも役立つことを期待したい。

服部　桂

2011年10月24日

（一部加筆修正のうえ単行本より再録）

インターネットの前に来たもの——文明を画した電信時代

文庫版のための訳者解説

文明の時代区分を論じるとき、石器時代から始まり宇宙時代まで、世界が大きく変容したきっかけを象徴しているのは、いつも新しいテクノロジーの出現だ。火や言葉、土器や鉄器、蒸気機関、原子力、コンピュータ等々、これらが出現するごとに世界は大きな変容を遂げ、生活が大幅に向上して人口も増える一方で新たな混乱も生じてきた。

近代を特徴づけるグーテンベルクの活版印刷の発明は500年以上前に、5万年前の話し言葉や5000年前の文字の発明に次ぎ、書き言葉の複製能力をとてつもないスケールで変化させたものだった。それまで写本として年間1冊のペースで書き写されていた本は、毎日数百冊の単位で作られるという「数万倍」の速度変化を遂げ、半世紀の間に億単位の数に達したと言われる。

しかし、紙に印刷された情報が伝播するにはまだ物流の制約があり、中世にはすでに郵便制度ができはじめていたものの、多くの人にとって隣国で起きた戦争などの大きなニュースを知るまでには数カ月を要した。

本書が展開する、電気によって言葉を伝達する「電信」のテクノロジーは、活版印刷や郵便の伝搬能力をはるかに超えた、光速の情報伝達を可能にした前代未聞の発明だった。

神の怒りと考えられていた電光石火のカミナリが、摩擦で生じる静電気と同じものであることがフランクリンによって証明されたのは18世紀半ば。ヴォルタが金属と食塩水で電気を発生させる電池を発明したのが1800年、さらに電気が流れると方位磁石が動くことからエルステッドが電気と磁気が関係していることに気づき、磁力を検知すれば電気の有無を特定できると発見したのがその20年後のことだった。

15世紀の活版印刷による書き言葉の複製や流通がルネッサンスを開花させ、17世紀には書かれた言葉を人々が共有して論議を重ねる科学的思考によって、天文現象や重力、光の性質など様々な自然を解明する理論を生み出す科学革命が進行した。18世紀にはこうした成果を集大成した啓蒙主義が開花し、蒸気機関が動力・エネルギー革命を起こして産業革命を引き起こし、それに伴ってさまざまな学問分野が形を成していった。

こうした時代に、神の象徴から人々の手へと渡った電気がまず応用されたのは、エネルギーとして光を放ったり熱を発生させたりする以前に、情報を伝達させる分野でだった。より遠くへ、より正確に多くの情報を伝えたいという人間の欲望は、0・1秒で地球を一周する未知のテクノロジーの応用へと人々を駆り立てた。

中世までの国の大きさは、君主が馬で行き来できる距離によって制約されていた。ところが電信を使えば、手紙の配達に数カ月を要するインドとの情報伝達にも数秒しかかからず、この「百万倍」規模の未曾有の効率化によって、イギリスは地球の裏側の国までリアルタイムに支配できるようになった。まさに大英帝国を成立させたのは、世界の国々でいま起きている出来事を秒単位で把握する通信基盤であり、それこそが新たなグローバリズムや帝国主義・植民地主義の始まりだった。電信は国内の情報伝達も瞬時にこなし、近代の国民国家が全国で同じニュースをほぼ同時に共有することを可能にする要《かなめ》の役割を果たすようになった。

世界は電信の登場によって、実質上数百万分の1のサイズにまで縮み、従来の時間や空間の感覚がほぼ無になることで、経済から政治、文化にいたるまで、ありとあらゆる人間の行動に影響が及ぶことになる。

そういう意味では文明の時代区分として、物の移動から情報の移動へと、人類のコミュニケーション能力を一気に高めた電信の発明をもって、「電信時代」という新たな言葉を加えることも無謀な話ではないと思う。

こうした電気を応用した情報通信革命ともいうべきインフラは、次には電話へと拡張し、ひいてはコンピュータによるデジタル通信を応用したインターネットに引き継がれて今日にまで至っているのだが、その変化はすさまじい。

著者のトム・スタンデージは、ちょうどインターネットの原型ともなったARPAネットの開始から30年のタイミングで本書を書いたが、その頃のインターネットの利用者数は1億6000万人ほどで、1995年のウィンドウズ95の発売で一気に多くの人々が使うようになってはいたものの、まだ専門家やオタクが中心の一時的なブームで終わるものと考えられていた。

しかしこの本が出て21世紀に入ると、利用者がインターネットに接続するラストワンマイルに当たる電話のネットワークが本格的にデジタル化し、より高速にデータをやりとりできるブロードバンド化が進行し、常時接続による定額サービスが普及してすそ野が広がり、通話ばかりか写真や動画もやりとりできるようになった。そして2010年ごろからの iPhone に代表されるスマートフォンの普及で、ワイヤレス環境を前提としたモバイル化が進んで、誰もが街中でいつでも使えることが当たり前になった。

インターネットを代表するサービスも、１９９１年のＷＷＷの登場に始まり、１９９５年のYahoo!やアマゾン、１９９８年のグーグル、２００１年のウィキペディア、２００４年のフェイスブック、２００５年のYouTube、２００６年のTwitter、２０１０年のInstagramと進化を遂げて、より多くの便利なサービスが一般人の利用を促しており、昨年10月時点での全世界での利用者数はなんと人類の65・7％にあたる53億人を超えたとされる。

利用者のすそ野が広がるにつれ、サイトと呼ばれる中心的なサービスセンターが提供するホームページに利用者がアクセスして情報を得るそれまでの受動的な使い方ばかりか、ブログを介して個人が情報を発信するようになり、それらがつながってＳＮＳ（Social Networking Service）と呼ばれ、利用者同士が横につながって情報を交換する使い方が注目されるようになってきた（本書の著者はそのルーツが古代ローマ時代の壁にメッセージを書いて交換したことにあると説いた『Writing on the Wall: Social Media–The First 2,000 Years』を２０１３年に出しているが、まだそれが邦訳されていないのが残念だ）。

そうした動きは、それ以前の使い方の進化形として２０００年代中ごろから「ウェブ２・０」と呼ばれるようになり、２０２０年代にはその先にある、人間以外の自動車やさまざまな製品や街や自然の各所にセンサーを付けて、物のインターネットとして万物をつなぐIoT（Internet of Things）や中央集権的な利用法から個人がより独立してデジタル通貨なども駆使するウェブ3・0（ウェブ3）が論議されるようになった。

　電信と同じく、当初はなぜ必要なのかがまるで理解されなかった、コンピュータをベースにした20世紀後半の通信サービスとしてのインターネットは、想像を超えた発展を遂げ、欧米では電話と同様の日常インフラとして「Internet」（固有名詞）ではなく「internet」（普通名詞）と表記されるようになり、日本語でも単に「ネット」と略称されるようになった。ただのオタクの趣味は、いまや個人や社会生活の基盤となり、個人の連絡や情報発信をベースに、情報共有、ショッピング、経済や社会サービスのインフラ、政治や国家の運営にまで活用されており、もはやネットが機能しなくなったら全世界が止まってしまうほどの存在になった。

　最近の話題を席巻する人工知能（AI）を象徴するような ChatGPT は、問いを投げれば日常の疑問に人間の専門家のように卒なく答えてくれる便利な存在だが、従来は実用化が難しいとされていたAIがここまでになったのはネットのおかげだと言える。初期のAI開発では、問題の対象となる事象のデータは手作業で集められており、1980年代初頭に日本で進んだAIコンピュータ開発プロジェクト（第五世代コンピュータ）では、自然言語解析に使われたビッグ・データ（言語モデル）の量は新聞1年分の数十メガバイト程度しかなかったが、いまではデジタル化された世界中のデータ量は、2020年時点で59ゼタバイト（ゼタ：10の21乗）という1000兆倍規模に達しているとされる。人々が毎日書き込む想像を絶する量のつぶやきやデジタル化された社会全体が吐き出すデータをビッグ・データとして利用できる環境がAIの精度を格上げし、さらにはムーアの法則でとてつもなく高速化したコンピュータをつないだクラウドが、こうした機能を実現している。

最近のAIはこうした大規模言語モデル（LLM）を用い、人間の脳がニューロンをつないで思考するようなニューラル・ネットワークをベースに、従来の論理では定式化できなかった分野の問題を計算しているが、インターネット自体が巨大なニューラル・ネットワークのように見えないだろうか？

たぶん、ウェブ3・0の次に来る4・0以降の世界は、過去にテレビなどのマスメディアが世界中を結んで同時中継を始めた時に「グローバル・ブレイン」と呼ばれたように、今度は世界中の人々をニューロンのようにつないだ、超巨大な世界規模の脳のような人間の知をまとめた名付けえない何かになるのかもしれない。さらにこの本の新版に賛辞を寄せた、インターネットの父とも呼ばれるヴィントン・サーフ氏は、その次の宇宙時代に星の間で使われるギャラクシー・インターネットさえ構想している。彼の言うとおり、やがて宇宙そのものがネット化されていくだろう。

ＭＩＴメディアラボを立ち上げたネグロポンテ所長は、世界中の人々が自由に通行できる道路を作ることで自由を確保したように、インターネットは世界的な情報を自由に流通させるインフラとして、基本的人権と同じぐらい重要な存在だと主張する。まさに19世紀に地球の片隅で、妻の死をもっと早く知りたかったモールスのような人々の想いが、世界中を一つにし、さらには宇宙に向かって旅立とうとしている時代に、もう一度その原点に立ち戻ってこれからの世界を夢見てもいいのではないだろうか。

本書はもともと、２０１１年に拙訳でＮＴＴ出版から刊行されたが、現在は絶版になってネット業界からもそれを惜しむ声が多く寄せられていたことから、今回は早川書房の一ノ瀬翔太氏にお願いしてハヤカワ・ノンフィクション文庫に収めていただいた。市場の煽るデジタル化やＡＩ万能の掛け声に惑わされず、そもそも人はなぜコミュニケーションするのか？　という観点から、本書のドラマを楽しんでいただければ幸いだ。

世界初のドメイン名が登録された日（１９８５年）に

２０２４年３月15日

服部　桂

◎訳者略歴

服部 桂（Katsura Hattori）

1951年生まれ。ジャーナリスト。早稲田大学理工学部で修士取得後、1978年に朝日新聞社に入社。84年にAT&T通信ベンチャーに出向。87年から89年まで、MITメディアラボ客員研究員。科学部記者や雑誌編集者を経て2016年に定年退職。関西大学客員教授。早稲田大学、女子美術大学、大阪市立大学などで非常勤講師を務める。著書に『VR原論』『マクルーハンはメッセージ』『人工生命の世界』など。訳書にケリー『テクニウム』『〈インターネット〉の次に来るもの』、マルコフ『ホールアースの革命家』など。監訳書にダイソン『アナロジア　AIの次に来るもの』（早川書房刊）がある。

電信に関連する出来事とヴィクトリア朝時代

作成：服部 桂

1746	オランダでライデン瓶 **仏ジャン・ノレ神父の実験**
1752	米ベンジャミン・フランクリンが凧で雷実験
1753	英『スコッツ』誌にCM氏が静電気通信提案
1776	アメリカ独立宣言
1779	独フランツ・メスメルの動物磁気
1780	伊ルイージ・ガルヴァーニが蛙の脚で動物電気実験
1783	仏モンゴルフィエ兄弟の熱気球 英ジェームズ・ワットの遠心ガバナー
1784	英エドモンド・カートライトの動力織機
1789	フランス革命
1791	**仏クロード・シャップの最初の通信実験** 米サミュエル・モールス誕生 英ジェレミー・ベンサムのパノプティコン

1793	**シャップの光学式テレグラフ（腕木通信）**
1799	ナポレオンがクーデターで権力掌握
1800	**伊アレッサンドロ・ヴォルタの電池**
1804	ナポレオン皇帝の第1帝政
1805	シャップ自殺
1806	神聖ローマ帝国滅亡
1807	米ロバート・フルトンの蒸気船
1809	仏ジャン＝バティスト・ラマルクの進化論 独サミュエル・ソンメリングの電気分解通信機
1811	英ラッダイト運動始まる
1812	ナポレオンのロシア遠征 ロンドンにガス灯設置
1814	ウィーン会議 英ジョージ・スティーヴンソンの蒸気機関車

1816	英フランシス・ロナルズの検電器方式電信機
1820	**デンマークのハンス・クリスティアン・エルステッドが電磁場発見** 仏アンドレ＝マリ・アンペールがアンペアの法則と電信機
1821	英マイケル・ファラデーが電磁誘導現象発見
1822	仏ニセフォール・ニエプスの写真術
1823	英チャールズ・バベッジの階差機関
1824	英ピーター・バーローの電信機 仏サディ・カルノーの熱力学
1825	モールスの妻ルクレシア死亡 英国で公共鉄道 英ウィリアム・スタージャンの電磁石
1827	オームの法則
1830	パリで7月革命
1831	露シリング男爵の磁針式通信機
1832	**モールスが欧州からの帰りの船で電信を発想**
1833	独ガウスとヴェーバーの電信機
1834	ファラデーの法則
1835	**モールスの電信機** **米ジョセフ・ヘンリーのリレー**
1836	**英クックとホイートストンの電信機** シリング男爵がニコライ皇帝に電信のデモ
1837	ヴィクトリア女王18歳で即位
1838	モールス符号
1840	英ペニー切手で郵便制度一般化
1841	米エドガー・アラン・ポー『モルグ街の殺人』
1842	バベッジの解析機関
1844	**ワシントン～ボルチモア間で電信が始まりホイッグ党の候補者名伝える**

	ヴィクトリア女王の次男誕生を電信が伝える
1845	英国でトーウェルの殺人事件が電信で解決
1847	米国で電信民営化
1848	独マルクス、エンゲルス『共産党宣言』
	米国でAP通信社設立
1849	仏アルマン・フィゾーが光速を測定
1850	独ルドルフ・クラウジウスの熱力学法則
1851	**ドーヴァー海峡横断ケーブルでロンドンとパリ接続**
	米電信会社ウエスタン・ユニオン設立
	米アイザック・シンガーのミシン発明
	ロンドンで初の万国博覧会
	米『ニューヨーク・タイムズ』創刊
	英ロイター通信社設立
1853	クリミア戦争
	米エリシャ・オーチスの蒸気エレベーター
1854	米ペリー提督が日本に電信機
1858	ホイートストンのABC電信機
	初の大西洋海底ケーブル敷設
1859	英チャールズ・ダーウィン『種の起源』
1860	米国でベルトコンベア
1861	南北戦争
	米大陸横断電信網
	米マサチューセッツ工科大学設立
1862	南北戦争で甲鉄艦が成果
	米リチャード・ガトリングの機関銃
1863	ロンドンで世界初の地下鉄
1864	仏ジュール・ヴェルヌ『地底旅行』
	英ジェームズ・マックスウェルの電磁場理論
1865	**現在の国際電気通信連合の前身、万国電信連合（ITU）設立**
	2番目の大西洋海底ケーブル敷設開始
	独グレゴール・メンデルの遺伝法則
	英ルイス・キャロル『不思議の国のアリス』

1866 **大西洋海底ケーブル稼働**
スウェーデンのアルフレッド・ノーベルのダイナマイト
仏ジョルジュ・ルクランシェの乾電池

1867 カール・マルクス『資本論』
米クリストファー・ショールズのタイプライター
米国で冷蔵庫特許

1868 米ウェスチングハウスの空気ブレーキ
仏ジョゼフ・モニエの鉄筋コンクリート
英チャールズ・トムソンが海底ケーブルから深海生物の調査開始

1869 米ハイアット兄弟のセルロイド
英国で電信国有化
東京〜横浜間で電報開始
米大陸横断鉄道完成
米国で洗濯機発売
米トーマス・エジソンがニューヨークに
スイスのフリードリッヒ・ミーシャがＤＮＡ発見

1870 普仏戦争

1871 日本初の日刊紙『横浜毎日新聞』

1872 モールス死去

1874 東インド会社消滅
米ウエスタン・ユニオンが4重通信

1875 ホイートストン死去

1876 **米アレクサンダー・グラハム・ベルが電話を発明**
エジソンがメンロパークに研究所

1877 エジソンの蓄音機

1879 エジソンの電球
クック死去

1880 米ハーマン・ホレリスが国勢調査のための自動集計機

1883 米ニコラ・テスラの誘導電動機

1885 独カール・ベンツのガソリン内燃機関

1886	独オットマー・マーゲンターラーのライノタイプ
1888	米イーストマンのコダック小型カメラ
1889	エジソンの活動写真
1892	独ルドルフ・ディーゼルのディーゼルエンジン
1894	仏ドレフュス事件
1895	伊グリエルモ・マルコーニの無線実験開始 独ヴィルヘルム・レントゲンのX線発見
1897	英ジョゼフ・トムソンの電子の発見 米サイモン・レークの潜水艦
1898	スーダンでファショダ事件 仏キュリー夫妻がラジウム、ポロニウム発見
1900	独ツェッペリン飛行船 オーストリアでジークムント・フロイト『夢判断』

1901	マルコーニの大西洋横断無線 米国で初の電気掃除機 ヴィクトリア女王死去
1903	米ライト兄弟の飛行機
1912	タイタニック号沈没で遭難信号
1969	**米ARPANET実験開始**
1995	ウインドウズ95でインターネット注目
1999	NTTドコモがiモード開始
2006	**米ウエスタン・ユニオンが電報サービス廃止**
2012	Googleがエイプリルフールのジョークとして、長点と短点だけで通信できるAndroidアプリ「モールス・キーボード」を出し好評

本書は二〇一一年一二月にＮＴＴ出版より単行本として刊行された作品を文庫化したものです。

HM=Hayakawa Mystery
SF=Science Fiction
JA=Japanese Author
NV=Novel
NF=Nonfiction
FT=Fantasy

ヴィクトリア朝時代《ちょうじだい》のインターネット

〈NF609〉

二〇二四年五月十五日　発行
二〇二四年八月十五日　二刷

（定価はカバーに表示してあります）

著　者　トム・スタンデージ
訳　者　服部《はっとり》　桂《かつら》
発行者　早川　浩
発行所　株式会社　早川書房
郵便番号　一〇一‐〇〇四六
東京都千代田区神田多町二ノ二
電話　〇三‐三二五二‐三一一一
振替　〇〇一六〇‐三‐四七七九九
https://www.hayakawa-online.co.jp

乱丁・落丁本は小社制作部宛お送り下さい。
送料小社負担にてお取りかえいたします。

印刷・中央精版印刷株式会社　製本・株式会社フォーネット社
Printed and bound in Japan
ISBN978-4-15-050609-4 C0122

本書は活字が大きく読みやすい〈トールサイズ〉です。